たのしくできる
PICロボット工作

浅川 毅 監修／青木正彦 著

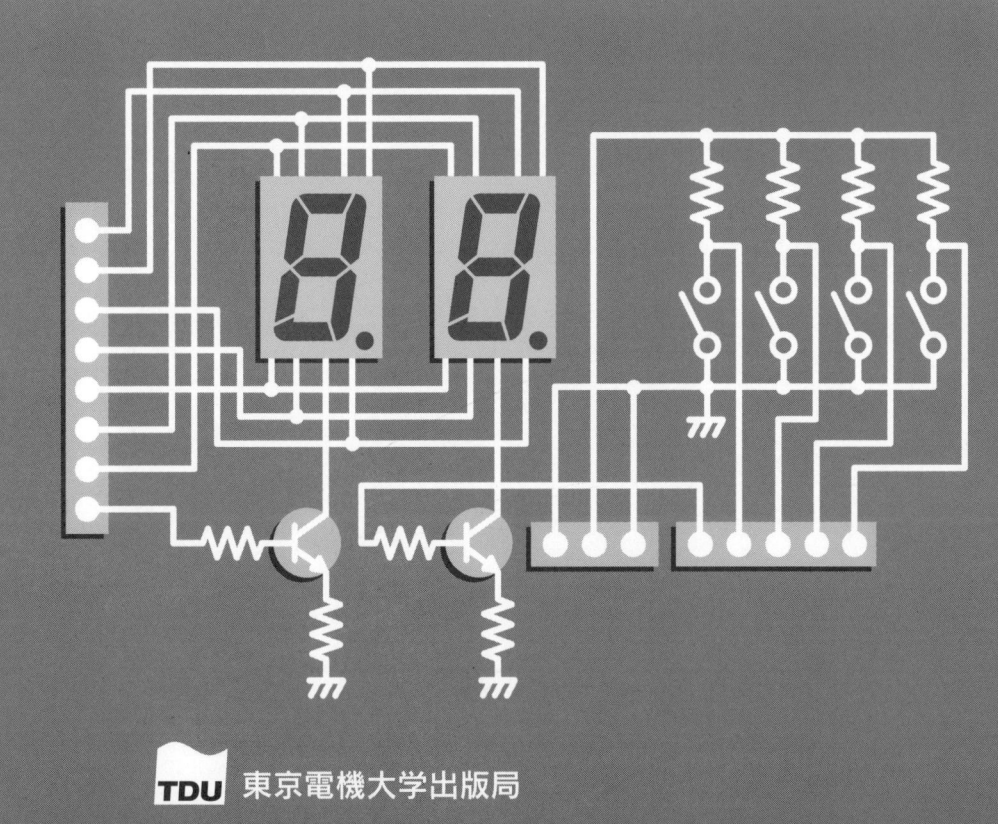

東京電機大学出版局

PIC, PICSTART, MPLABは，米国およびその他の諸国におけるMicrochip Technology社の登録商標および商標です．その他，本書に記載されている製品名は，一般に各社の登録商標または商標です．
本書では本文中に™マークおよび®マークは明記しておりません．

本書の全部または一部を無断で複写複製（コピー）することは，著作権法上での例外を除き，禁じられています．小局は，著者から複写に係る権利の管理につき委託を受けていますので，本書からの複写を希望される場合は，必ず小局（03-5280-3422）宛にご連絡ください．

まえがき

　最先端の技術を駆使したロボットから単純な原理で動くロボットまで，さまざまなロボットが工夫されていますが，大雑把な言い方をすれば，ロボットとは，「いかに機械を自動的に制御するか」ということなので，どれもそんなに変わりはないのです。基礎さえしっかり理解できていれば同じようなもの，といえるのではないでしょうか。

　本書は，初めてロボット作りに挑戦しようと考えている人やロボット作りを通してマイコンの使い方を学ぼうとしている人のために，安価で高性能なPIC（ピック）マイコンをロボットの中心に使い，黒い線上を自動で走るロボット（ライントレースロボット），さらに，ライントレースをしながら楽しい動作をするロボット（パフォーマンスロボット）について，やさしく解説しながら工作とプログラミングを同時に進められるように配慮して章を構成しました。

　第1章は，本書で使用するPICマイコン（PIC16F84A）の概要と必要な道具について基本的な事項を取り上げ，やさしく解説しています。

　第2章は，初めての電子工作としてPICメインボードを取り上げ，工作の基礎から使用する部品や回路についてわかりやすく解説しています。

　第3章は，入出力ボードの工作とプログラムについて解説しています。特に，プログラムは初めてなので，多くの例題と課題を用意しました。

　第4章は，センサボードの工作とプログラムについて解説しています。センサは赤外線センサを2個使用していますので，工夫次第でさまざまなところに応用できます。

　第5章は，駆動ボードの工作とプログラムについて解説しています。駆動ボー

ドには，DCモータやリレーを同時に4個制御できる能力を持たせてあります。また，ステッピングモータなら1個制御できるように工夫してあります。

　第6章は，DCモータとステッピングモータの制御プログラムについて，詳しく解説しています。

　第7章は，ライントレースロボットの工作とプログラムについて解説しています。ライントレースロボットは，第2章から第5章までの工作のまとめとなるもので，形や大きさ等を自由に工夫して，楽しいロボットに仕上げてください。

　第8章は，割り込み処理のプログラムについて解説しています。割り込み処理はコンピュータの最も得意とするもので，次章のパフォーマンスロボットをはじめさまざまな場面で利用されているプログラミングテクニックです。

　第9章は，パフォーマンスロボットの工作とプログラムについて解説しています。本書にこだわらず，創造性豊な楽しいロボットを作ってください。

　第10章は，PICマイコンのプログラム開発にとても便利なソフト（MPLAB）の使い方についてやさしく解説しています。

　最後に，本書執筆の機会を与えてくださった浅川先生，ならびに，出版するにあたり多大なご尽力をいただいた東京電機大学出版局の植村八潮氏，石沢岳彦氏に深く感謝いたします。

　2003年10月

青木　正彦

目次

1 PICって何だろう ──────────── 1
- 1・1 PICとは ………………………………………………… 1
- 1・2 PIC16F84Aの外観 …………………………………… 4
- 1・3 PIC16F84Aの内部構成 ……………………………… 6
- 1・4 PIC16F84Aの命令 …………………………………… 10
- 1・5 PICを使うために ……………………………………… 13

2 PICメインボードを作ろう ──────── 18
- 2・1 PICメインボードについて …………………………… 18
- 2・2 電源回路について ……………………………………… 20
- 2・3 リセット回路について ………………………………… 25
- 2・4 クロック回路について ………………………………… 26
- 2・5 工作をしよう …………………………………………… 27
- 2・6 簡単な動作チェックをしよう ………………………… 33

3 入出力ボードを作ろう ──────── 35
- 3・1 入出力ボードについて ………………………………… 35

3・2　入力回路について ……………………………………………… 35
　　　3・3　出力回路について ……………………………………………… 37
　　　3・4　工作と動作チェック …………………………………………… 40
　　　3・5　プログラムで動かそう ………………………………………… 45

4　センサボードを作ろう ——————————— 72

　　　4・1　センサボードについて ………………………………………… 72
　　　4・2　赤外線センサについて ………………………………………… 73
　　　4・3　工作と動作のチェック ………………………………………… 77
　　　4・4　プログラムで動かそう ………………………………………… 81

5　駆動ボードを作ろう ——————————— 87

　　　5.1　駆動ボードについて ……………………………………………… 87
　　　5・2　工作と動作のチェック ………………………………………… 90
　　　5・3　プログラムで動かそう ………………………………………… 94

6　駆動ボードでいろいろな制御をしよう ——— 98

　　　6・1　DCモータの速度制御をしよう ……………………………… 98
　　　6・2　ステッピングモータの速度制御をしよう ………………… 102

7　ライントレースロボットを作ろう ——————— 110

　　　7・1　ライントレースロボットについて ………………………… 110

| | 7.2 | 工作と動作チェック ……………………………………… 114 |
| | 7.3 | プログラムで動かそう …………………………………… 120 |

8 割り込み処理をしてみよう ――――――― 126

    8.1　割り込みについて ……………………………………………… 126

    8.2　プログラムで動かそう ………………………………………… 132

9 パフォーマンスロボットにチャレンジ ――― 139

    9.1　パフォーマンスロボットについて …………………………… 139

    9.2　工作と動作のチェック ………………………………………… 140

    9.3　プログラムで動かそう ………………………………………… 150

10 プログラム開発ソフトの使い方 ――――― 162

    10.1　MPLABのインストールと設定 ……………………………… 162

    10.2　アセンブルの方法 ……………………………………………… 166

    10.3　シミュレータの使い方 ………………………………………… 171

    10.4　プログラムの書き込み方法 …………………………………… 180

付録　プリント基板の作り方 ――――――――― 185

    付録1　用意するもの …………………………………………………… 185

    付録2　工作とチェック ………………………………………………… 187

課題の解答 …………………………………………………… 190

部品の入手先 ………………………………………………… 208

参考文献 ……………………………………………………… 209

索　引 ………………………………………………………… 210

1 PIC って何だろう

1・1 PIC とは

PIC（ピック）(Peripheral Interface Controller の略：写真1・1) は，コンピュータの周辺装置を制御することを目的として，米マイクロチップ・テクノロジー社により開発された PIC マイコンシリーズの総称である。このような制御用のマイクロコンピュータはマイクロコントローラとも呼ばれている。

写真1・1 PIC の外観

コンピュータは図1・1に示すように，**制御装置・演算装置・記憶装置・入力装置・出力装置**により構成される。制御装置と演算装置をまとめて**中央処理装置（CPU）**といい，これを超小型にして IC 化したものを一般に**マイクロコンピュー**

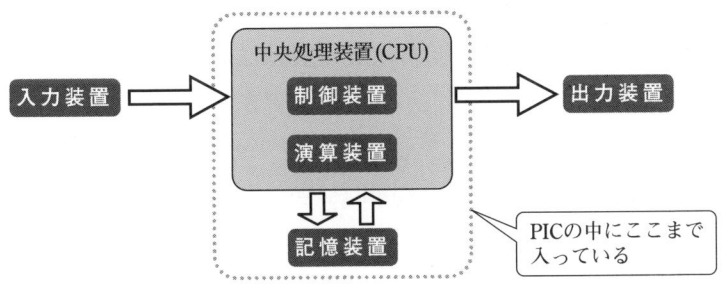

図1・1 コンピュータの基本構成

タ（MPU）と呼んでいる。同じように記憶装置（メモリ）をIC化したものをメモリICという。

　いままでマイクロコンピュータシステムを作るために，MPUやメモリICなどを組み合わせて工作をしていたので手間や時間がかかり，ある程度の知識を持っていないとなかなか難しい工作であった。これに対して，1個のICの中にMPUやメモリなどを収めたPICを用いると，じつに簡単に工作ができるようになる。

　ここで，PICの特徴をみてみよう。

① **工作が簡単**　CPUやメモリなどが一つのICに内蔵されているので，他に数個の部品を追加するだけでコンピュータとして動作する。

② **低価格**　1個数百円程度で購入できる。

③ **簡単な命令**　周辺装置を制御することを目的に作られているので，プログラムを作るときの命令が35命令しかない。本書では，命令を繰り返し使い，自然に覚えられるようになっているので，はじめての人でも十分に理解できる。

④ **開発環境は無料**　マイクロチップ・テクノロジー社からMPLABというプログラム開発ツールが無償で提供され，次のホームページからダウンロードできる。

　●マイクロチップ・テクノロジー・ジャパン社
　　http://www.microchip.co.jp/
　●米マイクロチップ・テクノロジー社（英語）
　　http://www.microchip.com/

　本書には，最新版のWindows用MPLABを付録CD-ROMに収録してある。

⑤ **専用ライタが必要**　プログラムをPICに書き込むためには専用のライタが必要となる。市販品には，マイクロチップ・テクノロジー社のPICSTART Plusや（株）秋月電子通商のAKI-PICプログラマキットなどがある。もちろん自作できるキットもある。

⑥ **何度でも使える**　本書で使用するPIC16F84Aのように，型番に"F"が付いているタイプは，フラッシュメモリを搭載しているタイプなので，何度で

もプログラムを書き換えて使うことができる。

　フラッシュメモリは，電気的に書き込みと消去が行えるメモリで，PICの場合は1000回以上の書き換えが可能である。他に，紫外線を照射してプログラムを消去するEPROMメモリなどがある。

⑦ **電池でも動く**　動作可能な電源電圧の範囲は，2.5V～5.5Vと幅広く，消費電流も，30μA～2mAと非常に小さいので電池でも長時間動かすことができる。

表1・1　PICの代表的な種類

シリーズ	品名	プログラムメモリ[word]	データメモリ[byte]	Flashデータメモリ[byte]	入出力ピン数	A/Dコンバータ	アナログコンパレータ	キャプチャ/コンパレータ/PWM	シリアルポートSPI/I2C USART	パラレルポート	タイマ	動作可能電源電圧[V]	最大動作周波数[MHz]	命令数	パッケージピン数
ベースライン	12C509A	1k	41		5						1+WDT	2.5～5.5	4	33	8PDIP
	16C56A	1k	25		12							3.0～5.5	20		18PDIP
	16C57C	2k	72		20						1+WDT				28PDIP
	16C58B		73		12										18PDIP
ミドルレンジ	12C672	2k	128		5	4					1+WDT	2.5～5.5	4	35	8PDIP
	16C621A	1k	80		13		2					3.0～6.0	20		18PDIP
	16C622A	2k	128												
	16C62A	2k	128		22			1	SPI		3+WDT				28PDIP
	16C63A	4k	192					2	SPI,USART						
	16C64A	2k	128		33			1	SPI						40PDIP
	16C711	1k	68		13	4					1+WDT	2.5～6.0			18PDIP
	16C715	2k	128												
	16C72				22	5		1	SPI		3+WDT				28PDIP
	16C73B	4k	192					2	SPI,USART						
	16C74B				33	8				1					40PDIP
	16F84A	1k	68	64	13						1+WDT				18PDIP
	16F874	4k	192	128	33	8 (10bit)		2	SPI,USART	1	3+WDT	2.5～5.5	20		40PDIP
	16F877	8k	368	256											
ハイエンド	17C42A	2k	232		33			2	USART		4+WDT	2.5～6.0	33	58	40PDIP
	17C43	4k	454												
	17C44	8k													
	17C756	16k	902		50	12		4	USART×2			3.0～5.5			64PLCC

(注)　SPI (Serial Peripheral Interface)　I2C (Inter-Integrated Circuit)
　　USART (Universal Synchronous Asynchronous Receiver Transmitter)
　　WDT (Watch Dog Timer)

⑧ **直接 LED を駆動できる**　入出力ピンは最大 25mA の電流を流すことができるので，LED やリレーなどを直接駆動できる。

⑨ **種類が豊富**　PIC マイコンシリーズは RISC 型構造の命令を採用しているので，命令語の長さによってベースラインシリーズ（1 語 12 ビット），ミドルレンジシリーズ（1 語 14 ビット），ハイエンドシリーズ（1 語 16 ビット）の 3 つに大別される。表 1・1 のように多くの機能を内蔵している。本書ではミドルレンジシリーズの PIC16F84A を使用する。

RISC 型（Reduced Instruction Set Computer：縮小命令セットコンピュータ）は命令語の長さが一定で，1 クロックで 1 命令を実行するようなコンピュータの構造をいう。

⑩ **ハーバードアーキテクチャを採用**　一般のコンピュータは一つのメモリの中にデータとプログラムが混在し，一種類のバスにより接続されている。ところが PIC では，データ専用のメモリとプログラム専用のメモリとに分かれ，それぞれ別のバスで接続されているため，データとプログラムが混在することはない。データの長さは 8 ビット，命令語の長さは 12・14・16 ビットである。

1・2　PIC16F84A の外観

PIC16F84A は DIP 型 18 ピンのパッケージの中に CPU，メモリ，入出力ポートなどすべてを内蔵している。図 1・2 にピン配置を示す。

① **電源ピン**　電源は 14 番ピン（V_{DD}）に 2.5V〜5.5V，5 番ピン（V_{SS}）に GND を供給する。

② **クロックピン**　クロックは 16 番ピン（OSC1）および 15 番ピン（OSC2）に最大 20MHz を供給する。クロックは一定周期の信号でコンピュータの動作を決める大切な信号である。

③ **リセットピン**　リセットは 4 番ピン（$\overline{MCLR}$）で外部からリセット信号を供給する。リセット信号は通常 "H" にしておき "L" にすることでコンピュータが初期状態に戻る。

1・2 PIC16F84Aの外観

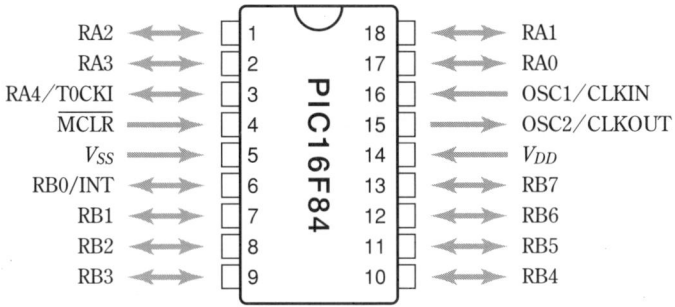

図1・2 PIC16F84Aのピン配置（上から見た図）

表1・2 PIC16F84Aのピン機能

ピン番号	名称	働き
1	RA2	入出力ポート PORTA<2>（ポートAのビット2）
2	RA3	入出力ポート PORTA<3>
3	RA4/T0CKI	入出力ポート PORTA<4> / タイマークロック入力
4	$\overline{MCLR}$	リセット（Lレベルでリセット，通常はHレベル）
5	V_{SS}	GND（グランド）
6	RB0/INT	入出力ポート PORTB<0> / 割り込み入力
7	RB1	入出力ポート PORTB<1>
8	RB2	入出力ポート PORTB<2>
9	RB3	入出力ポート PORTB<3>
10	RB4	入出力ポート PORTB<4>
11	RB5	入出力ポート PORTB<5>
12	RB6	入出力ポート PORTB<6>
13	RB7	入出力ポート PORTB<7>
14	V_{DD}	電源（2.5V〜5.5V）
15	OSC2/CLKOUT	オシレータ端子2 / クロック出力
16	OSC1/CLKIN	オシレータ端子1 / クロック入力
17	RA0	入出力ポート PORTA<0>
18	RA1	入出力ポート PORTA<1>

④ **入出力ピン**　残りの13ピンは入出力ピンである。入出力ピンはPORTA（RA0〜RA4の5ビット）とPORTB（RB0〜RB7の8ビット）に分かれて

おり，ビットごとに入力または出力を自由に設定できる。表1・2に各ピンの機能を示す。

1・3 PIC16F84Aの内部構成

PIC16F84Aの内部構成は次のようになっている。図1・3にPIC16F84Aの構成を示す。

(1) プログラムメモリ

プログラムを格納するためのメモリで0000$_{(16)}$番地から03FF$_{(16)}$番地まで1k（1024）ワードの記憶容量をもつ。また，プログラムメモリには，電源を切ってもデータを消失しない不揮発性のフラッシュメモリを使用している。このメモリにプログラムを書き込むためには，専用のライタが必要となる。

> PIC16F84Aでは，命令語は1語14ビットで構成され，単位にワードを用いる。
> 1kワード＝1024ワード×14ビット＝14336ビット

> (16)はその数値が16進数で表されていることを示す。

(2) プログラムカウンタ

プログラムカウンタ（PC）は13ビットのレジスタで，実行中のプログラムメモリのアドレスを示す。命令実行後は自動的に＋1される。ただし，分岐命令やサブルーチン命令の場合は，強制的に指定されたアドレスとなり，実行の流れを変える。スタート時，およびリセット時には0000$_{(16)}$番地となる。また，割り込みが発生すると0004$_{(16)}$番地（割り込み先頭番地）となる。

(3) スタック

サブルーチンからの戻り番地などを格納するメモリで，図1・4のような棚にデータを下から重ねるように書き，読み出すときは上から取り出す。**LIFO**（Last In First Out）形式で8個までアドレスを記憶することができる。

(4) 命令レジスタ

プログラムカウンタで指定した番地のプログラムメモリより命令を読み込む。命令レジスタに読み込まれた命令は，解読されてから実行される。

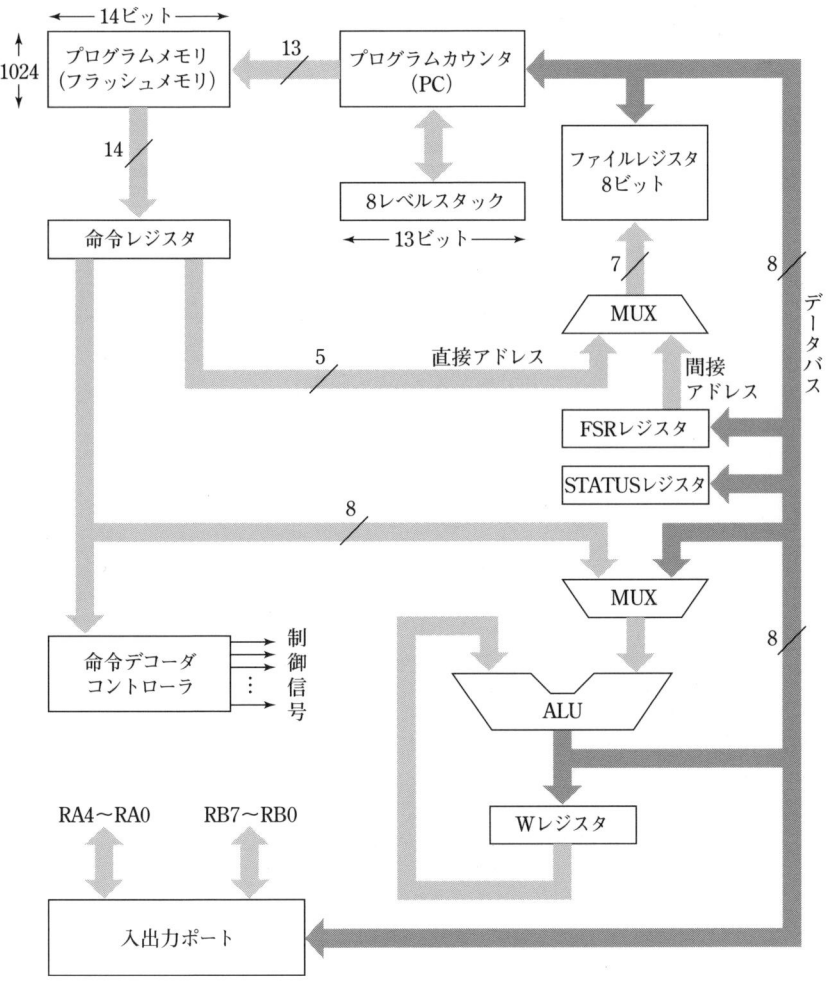

図1・3 PIC16F84Aの構成

(5) ファイルレジスタ ──────────

　一般のコンピュータはデータをメモリに格納するが，PICではファイルレジスタと呼ばれるレジスタ群に格納する。ファイルレジスタは図1・5のように**特殊レジスタ**と**汎用レジスタ**で構成される。

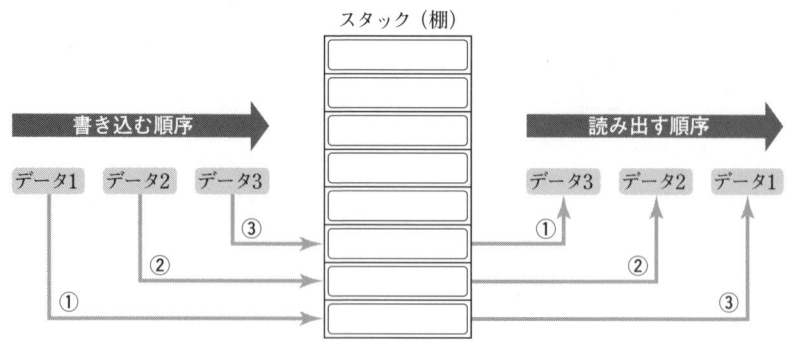

図1・4 スタックの動作

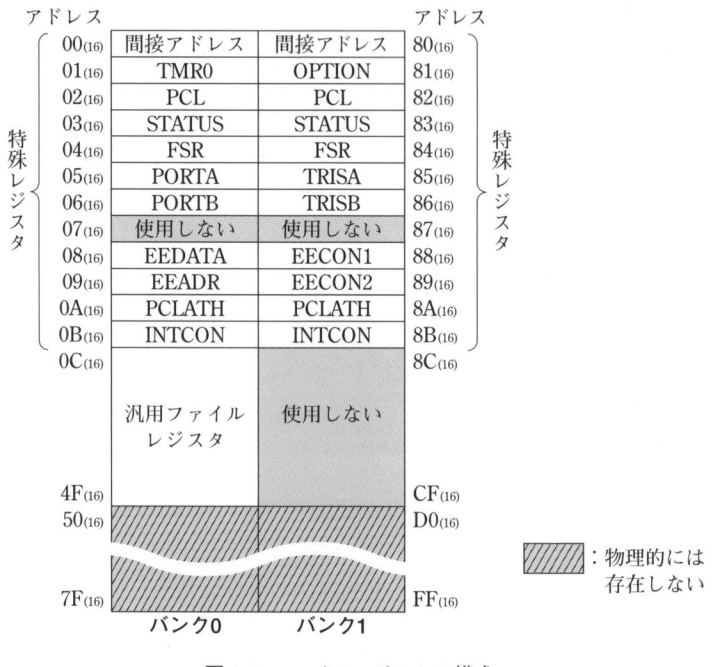

図1・5 ファイルレジスタの構成

　特殊レジスタは，図1・6のようにマイコンの機能やモードの設定，マイコンの状態の確認などに使われる。また，ファイルレジスタの番地は，バンクという概

1·3 PIC16F84Aの内部構成

	アドレス	名称	ビット7	ビット6	ビット5	ビット4	ビット3	ビット2	ビット1	ビット0
	00(16)	INDF	FSRの内容のアドレスのデータメモリ（物理的に存在しない）							
	01(16)	TMR0	8ビットリアルタイム・クロック／カウンタ							
	02(16)	PCL	プログラムカウンタ（PC）の下位8ビット							
	03(16)	STATUS	IRP	RP1	RP0	$\overline{TO}$	$\overline{PD}$	Z	DC	C
バ	04(16)	FSR	間接データメモリアドレスポインタ							
ン	05(16)	PORTA	—	—	—	RA4/T0CKI	RA3	RA2	RA1	RA0
ク	06(16)	PORTB	PB7	PB6	PB5	PB4	PB3	PB2	PB1	PB0
0	07(16)		使用しない（0としてリードされる）							
	08(16)	EEDATA	EEDATAEEPROMデータレジスタ							
	09(16)	EEADR	EEADREEPROMアドレスレジスタ							
	0A(16)	PCLATH	—	—	—	PC上位5ビットへの書き込みバッファ				
	0B(16)	INTCON	GIE	EEIE	T0IE	INTE	RBIE	T0IF	INTF	RBIF
	80(16)	INDF	FSRの内容のアドレスのデータメモリ（物理的に存在しない）							
	81(16)	OPTION_REG	$\overline{RBPU}$	INTEDG	T0CS	T0SE	PSA	PS2	PS1	PS0
	82(16)	PCL	プログラムカウンタ（PC）の下位8ビット							
	83(16)	STATUS	IRP	RP1	RP0	$\overline{TO}$	$\overline{PD}$	Z	DC	C
バ	84(16)	FSR	間接データメモリアドレスポインタ							
ン	85(16)	TRISA	—	—	—	PORTAデータ入出力設定レジスタ				
ク	86(16)	TRISB	PORTBデータ入出力設定レジスタ							
1	87(16)		使用しない（0としてリードされる）							
	88(16)	EECON1	—	—	—	EEIF	WRERR	WREN	WR	RD
	89(16)	EECON2	EEPROM制御レジスタ2（物理的には存在しない）							
	8A(16)	PCLATH	—	—	—	PC上位5ビットへの書き込みバッファ				
	8B(16)	INTCON	GIE	EEIE	T0IE	INTE	RBIE	T0IF	INTF	RBIF

▓▓▓ 部分のレジスタは，バンク0とバンク1の両方から使用できる。

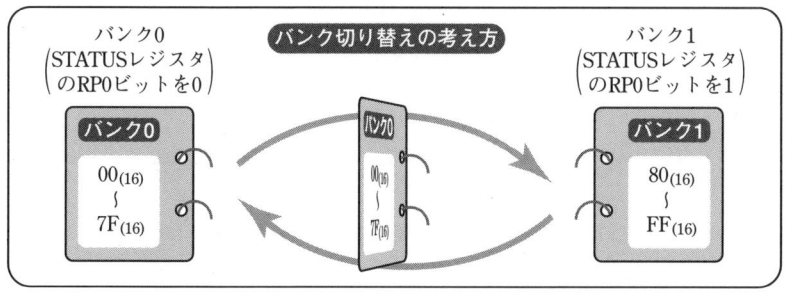

図1·6 特殊レジスタの名称

念で管理されており，バンク0のときは00$_{(16)}$〜7F$_{(16)}$番地まで，バンク1のときには80$_{(16)}$〜FF$_{(16)}$番地までを指定することができる。バンクを切り替えるには，STATUSレジスタ（03番地）のRP0ビット（ビット5）を使用し，"0"にするとバンク0，"1"にするとバンク1に切り替わる。

汎用レジスタは，0C$_{(16)}$〜4F$_{(16)}$番地までの68バイト分があり，ユーザが自由に使用できる。

> ファイルレジスタやデータビットを指定するときに，番地やビットを数値（絶対番地や何ビット目）で指定するのではなく**ラベル**（図1・7の名称欄）を使って指定するのが一般的である。例えば，バンク1に設定する命令は BSF STATUS, RP0 のように記述する。

> PIC16F84Aでは，データは8ビット単位で構成され，単位はバイトで表される。68バイト＝68バイト×8ビット＝544ビット

(6) ワーキングレジスタ

W（ワーキング）レジスタは演算結果などが格納されるレジスタで，**アキュムレータ**とも呼ばれている。

(7) 入出力ポート

マイコンと外部とのデータの受け渡しは**入出力ポート**を使用する。PIC16F84Aでは，5ビットのPORTAと8ビットのPORTBが内蔵されている。

ポートの設定は，ポートA（PORTA）はTRISAレジスタにビット単位で入力（"1"）または出力（"0"）を設定する。存在しないビット5，6，7の設定は無視される。ポートB（PORTB）はTRISBレジスタにビット単位で入力（"1"）または出力（"0"）を設定する。

1・4　PIC16F84Aの命令

PIC16F84Aの命令には**機械語命令**，**擬似命令**および**マクロ命令**がある。

(1) 機械語命令

実際の機械語に変換される命令で，表1・3のように35命令のみであり，PICのミドルレンジシリーズすべてに共通している。

表1・3中の記号は

表 1・3 PIC16F84A の命令

分類	命令		機能	影響フラグ	サイクル
バイト処理命令	ADDWF	f,d	加算　W+f→W か f へ格納	C,DC,Z	1
	ANDWF	f,d	論理積　W AND f→W か f へ格納	Z	1
	CLRF	f	f をゼロクリア	Z	1
	CLRW		W をゼロクリア	Z	1
	COMF	f,d	f の 0 と 1 を反転→W か f へ格納	Z	1
	DECF	f,d	f−1→W か f へ格納	Z	1
	DECFSZ	f,d	f−1→W か f へ格納し 結果が 0 なら次の命令をスキップ		1(2)
	INCF	f,d	f+1→W か f へ格納	Z	1
	INCFSZ	f,d	f+1→W か f へ格納し 結果が 0 なら次の命令をスキップ		1(2)
	IORWF	f,d	論理和　W OR f→W か f へ格納	Z	1
	MOVF	f,d	移動　f か W または f 自身へ	Z	1
	MOVWF	f	移動　W から f へ		1
	NOP		何もしない		1
	RLF	f,d	1 ビット左シフト→W か f へ（キャリー含む）	C	1
	RRF	f,d	1 ビット右シフト→W か f へ（キャリー含む）	C	1
	SUBWF	f,d	減算　f−W→W か f へ格納	C,DC,Z	1
	SWAPF	f,d	f の上位下位入替→W か f へ		1
	XORWF	f,d	排他論理和　W OR f→W か f へ	Z	1
ビット処理命令	BCF	f,b	f の b ビット目を 0 にする		1
	BSF	f,b	f の b ビット目を 1 にする		1
	BTFSC	f,b	f の b ビット目が 0 だったら， 次の命令をスキップ		1(2)
	BTFSS	f,b	f の b ビット目が 1 だったら， 次の命令をスキップ		1(2)
リテラル処理命令	ADDLW	k	定数加算　W+k→W へ格納	C,DC,Z	1
	ANDLW	k	定数論理積　W AND k→W へ格納	Z	1
	IORLW	k	定数論理和　W OR k→W へ格納	Z	1
	MOVLW	k	定数移動　k→W へ格納		1
	SUBLW	k	定数減算　k−W→W へ格納	C,DC,Z	1
	XORLW	k	定数排他論理和　W XOR k→W へ格納	Z	1
ジャンプ命令	CALL	k	サブルーチン k へジャンプ		2
	GOTO	k	k 番地へジャンプ		2
	RETFIE		割込み許可で戻る		2
	RETLW	k	W に k を格納して戻る		2
	RETURN		サブルーチンから戻る		2
他	CLRWDT		ウォッチドッグタイマクリア		1
	SLEEP		スリープモードにする		1

（注）1(2) サイクルはスキップするときだけ 2 サイクルの意味

f：ファイルレジスタの番地（0≦f≦127）……… 一般にはラベルを使う。
W：ワーキングレジスタ
b：ファイルレジスタ内のビット番号（0≦b≦7）
k：定数データ（0≦k≦255）
d：格納先指定（Wでワーキングレジスタ，Fでファイルレジスタ）
Z：ゼロフラグ
C：キャリーフラグ
DC：下位4ビットのキャリーフラグ

数値は，10進数，2進数，16進数などが使用でき，表1・4のように書く。

表1・4 数値の表記方法

進数	書き方（例）
2進数	B '10110011'
10進数	D '123'
16進数	H '45'， H '0E4'

命令の書き方は，

   ラベル ニーモニック オペランド

の順に書く。

例えば，「PORTA（ファイルレジスタ）のデータをW（ワーキング）レジスタに移しなさい」という命令ならば，

   MOVF PORTA,W

と書く（ラベルは省略）。

この場合，MOVFがニーモニック（命令）でPORTA,Wがオペランドである。また，ラベル，ニーモニック，オペランドの間は一つ以上の空白またはTab（タブ）を入れる。命令は，必ず英数字半角文字で書く。ただし，コメント（";"以降）には日本語が使える。

> 機械語命令は機械語に1対1対応した命令で記号語とも呼ぶ。機械語で使われるニーモニックは英語の動作を簡略化したものであり，その意味を理解すれば覚えやすい。例えば，ADDはAdditionの略で足し算の意味である。

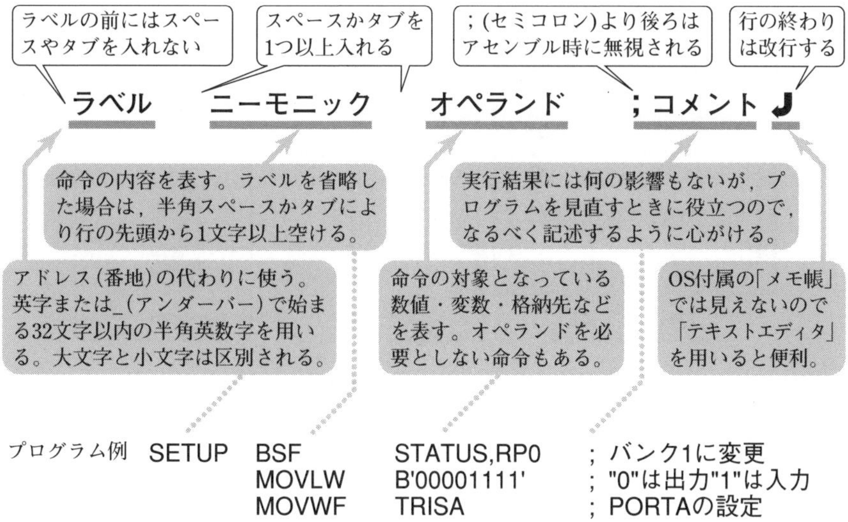

```
ラベル         ニーモニック      オペランド    ;コメント ↵
```

- ラベルの前にはスペースやタブを入れない
- スペースかタブを1つ以上入れる
- ;(セミコロン)より後ろはアセンブル時に無視される
- 行の終わりは改行する

- 命令の内容を表す。ラベルを省略した場合は，半角スペースかタブにより行の先頭から1文字以上空ける。
- アドレス(番地)の代わりに使う。英字または_(アンダーバー)で始まる32文字以内の半角英数字を用いる。大文字と小文字は区別される。
- 命令の対象となっている数値・変数・格納先などを表す。オペランドを必要としない命令もある。
- 実行結果には何の影響もないが，プログラムを見直すときに役立つので，なるべく記述するように心がける。
- OS付属の「メモ帳」では見えないので「テキストエディタ」を用いると便利。

```
プログラム例  SETUP  BSF    STATUS,RP0   ; バンク1に変更
                    MOVLW  B'00001111'  ; "0"は出力"1"は入力
                    MOVWF  TRISA        ; PORTAの設定
```

図1・7 命令の書き方

(2) 擬似命令

アセンブラに対する制御などを指示する命令を**擬似命令**といい，機械語には変換されない命令である。代表的な擬似命令には，INCLUDE命令，ORG命令，END命令，EQU命令がある。

(3) マクロ命令

繰り返し使う命令や処理のまとまりを**マクロ命令**として定義する。

1・5 PICを使うために

PICを使ってパフォーマンスロボットや市販の実機など（ハードウェア）を動かすために，図1・8のようなプログラム開発環境が必要となる。

(1) パソコン

プログラムの作成からPICへの書き込みまで，一連の作業の中心となる道具であり，プログラム開発には最も重要なものである。動作環境としては，Windows95以上のOSが動作するものであればよい。最新のPIC情報やフリーソ

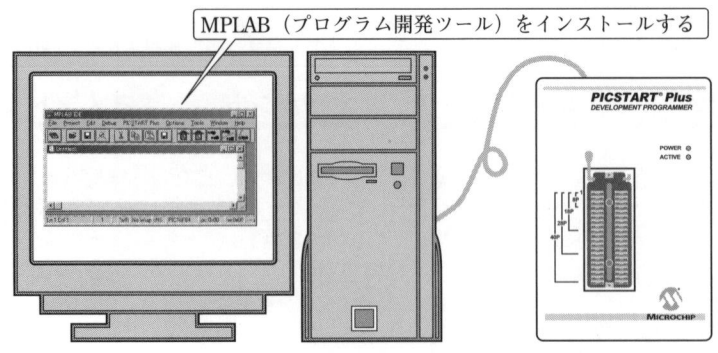

図1・8 プログラム開発環境

フトなどを入手するために，インターネットに接続できる環境が望ましい。

(2) プログラム開発ソフト ─────────

MPLABは，PICのプログラムに必要なすべての環境を統合したソフトで，パソコン上でシミュレーションやアセンブルなどを行うことができる。このソフトは，マイクロチップ・テクノロジー社から無償で提供されており，最新版をホームページから自由にダウンロードすることが可能である。本書付属のCD-ROMにも収録してある。

(3) PICライタ ─────────

パソコンで作成したプログラムをPICに書き込むための道具で，マイクロチップ・テクノロジー社のPICSTART Plusや(株)秋月電子通商のAKI-PICプログラマキットなどがある。もちろん自作できるキットもある。

以上のような開発環境を想定し，プログラムを開発する手順について例をあげながら説明をする。多少難しい言葉が出てきたりするので，こんなものかな？程度の気楽さで読み，第2～3章の工作が終わってから実際に試してみよう。

a．使用するハードウェアの確認

PICで動く実機を用意し，その入出力ポートなどを確認する。例えば，本書のPICメインボード（写真2・1および第2章参照）に入出力ボード（写真3・1および第3章参照）を接続して使用する。

本書で使用する PIC の入出力ポートの設定は，表 1·5 のようにする．入力は RA0 〜 RA3 の 4 ポート（入力用にスイッチを使用），出力は RB0 〜 RB6 に 7 セグメント LED のそれぞれのセグメント信号，RA4・RB7 に各 7 セグメント LED をドライブする信号を割り当てる．

表 1·5 入出力ボードのポート表

PIC	RA4	RA3	RA2	RA1	RA0	RB7	RB6	RB5	RB4	RB3	RB2	RB1	RB0
入出力	IA4	IA3	IA2	IA1	IA0	OB7	OB6	OB5	OB4	OB3	OB2	OB1	OB0
対象	7セグ1	SW3	SW2	SW1	SW0	7セグ2	g	f	e	d	c	b	a

b．動作の決定

実機にどのような動作をさせるかを具体的に示す．例えば，『入出力ボード上の 7 セグメント LED2 のセグメント a を点灯する』．

c．流れ図の作成

動かし方が決まったらアセンブラ命令を意識しながら**流れ図（フローチャート）**を作成する．例えば，図 1·9 のような流れ図を作成する．

d．ソースプログラムの作成

作成したフローチャートをもとにアセンブラ言語でプログラムを作成する．プログラムの作成はパソコン上の**テキストエディタ**などを使用して行い，ハードディスクやフロッピーディスクにファイルとして保存する．

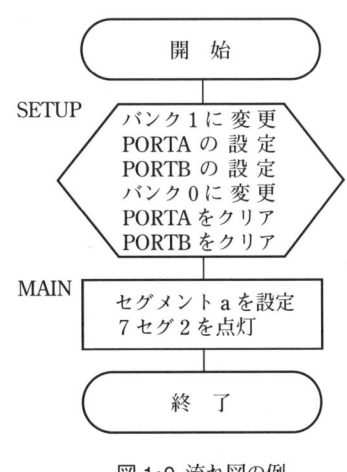

図 1·9 流れ図の例

ソースプログラム：アセンブラ言語など人間にわかるような言葉で書いたおおもとのプログラム
ソースファイル：ファイルに保存されたソースプログラム．アセンブラ言語で書いたソースファイルは"ファイル名．asm"のように拡張子に asm を付けて保存する．

テキストエディタ：テキスト編集用のソフトであり，Windowsにはメモ帳やワードパットがアクセサリーに入っている。フリーソフトの"TeraPad"などがベクター（http://www.vector.co.jp/）にて公開されている。

例えば，リスト1・1のようなソースプログラムを作成する。作成には文字や記号の打ち間違いや，空白，Enterを忘れないように注意する。

リスト1・1

```
        ;
        ;   リスト1・1  7セグ2のセグメントaを点灯する
        ;
            INCLUDE  P16F84A.INC    ; 標準ヘッダファイルの取込み

            ORG      H'00'          ; 00番地に指定
        ;
SETUP   BSF      STATUS,RP0     ; バンク1に変更
        MOVLW    B'00001111'    ; "0"は出力／"1"は入力
        MOVWF    TRISA          ; PORTAの設定
        MOVLW    B'00000000'    ; "0"は出力／"1"は入力
        MOVWF    TRISB          ; PORTBの設定
        BCF      STATUS,RP0     ; バンク0に変更
        CLRF     PORTA          ; PORTAをクリア
        CLRF     PORTB          ; PORTBをクリア
        ;
MAIN    BSF      PORTB,0        ; セグメントaを設定
        BSF      PORTB,7        ; 7セグ2を点灯

        END                     ; プログラムの終了
```

e．アセンブル

ソースプログラムを機械語に変換することを**アセンブル**といい，**アセンブラ**と呼ばれるソフトを使用する。アセンブルを行うときにはソースプログラムの文法がチェックされ，文字や記号の打ち間違いがあるとエラーになる。このエラーがなくなるまでソースプログラムの修正とアセンブルとを繰り返す。ただし，ここではあくまでも文法上のエラーであり，作成者の意図どおり動作する保障はない。

エラーがなくなると，機械語のプログラムを生成する。ソースプログラムは人間に理解できる言葉ではあるが，機械（コンピュータ）には理解できない。そこで，機械が理解できる唯一の言葉である機械語のプログラム（**オブジェクトプログラム**）に変換して保存する。PIC のプログラムをアセンブルするには，マイクロチップ・テクノロジー社の MPLAB を使用して行う。

> MPLAB の使い方については，第 10 章で詳しく説明する。

> オブジェクトプログラム：機械語に変換されたプログラム。MPLAB では "ファイル名.HEX" のように拡張子に HEX を付けて保存される。保存されたファイルを**実行ファイル**または **HEX ファイル**という。

f．シミュレーション

機械語に変換されたプログラムが作成者の意図どおり動作するかどうかをパソコン上で調べる。実機を使わずにパソコン上で動作確認ができるため，効率的で実機を壊す心配がないので大変便利である。PIC のシミュレーションは，MPLAB を使用して行う。

g．PIC に書き込む

あらかじめ PIC ライタ（本書では PICSTART Plus を使用）をパソコンに接続しておく。書き込みたい PIC16F84A 本体を PIC ライタにセットし，MPLAB よりオブジェクトプログラムを書き込む。

h．実機による試行

シミュレーションでチェックできなかった動作について実機を使ってテストする。プログラムを書き込んだ PIC16F84A 本体を PIC メインボード（実機）の IC ソケットにセットし，電源を入れ実行する。作成者の意図どおりの動作をすることを確認する。

2 PICメインボードを作ろう

2・1 PICメインボードについて

　製作するPICメインボードは，写真2・1のようにPIC本体を中心にして，PICの入出力端子，電源回路，リセット回路，クロック回路のみで構成する。

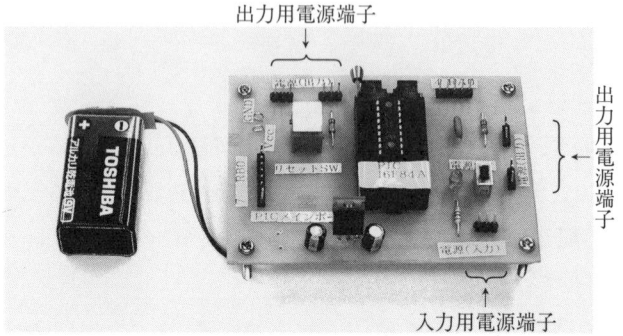

写真2・1 PICメインボード

　PICメインボードは，基礎実験からパフォーマンスロボットまでさまざまな使い方ができるように配慮した。プログラムを変更するたびにPICの抜き差しが必要となるので，PIC用のICソケットは，高価ではあるがチョット奮発をして写真2・2のようなゼロプレッシャーソケットを使用する。

　PICメインボード全体の回路を図2・1に示す。

> PIC16F84Aは18ピンのICであるが，18ピンのゼロプレッシャーソケットは1個3000円もするので，安価な24ピン（1個800円）のゼロプレッシャーソケットを使用する。

　PICの入出力ピンからLED（発光ダイオード）などを直接ドライブできるので，PORTAのRA0〜4とPORTBのRB0〜7すべての入出力端子を基板端子に取り出す。

2·1 PICメインボードについて　19

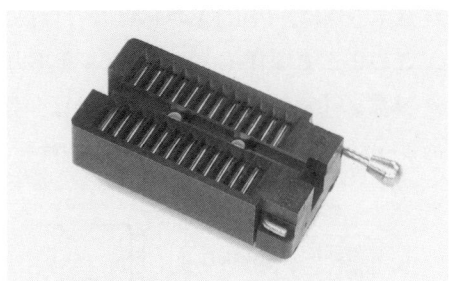

写真2·2　ゼロプレッシャーソケット

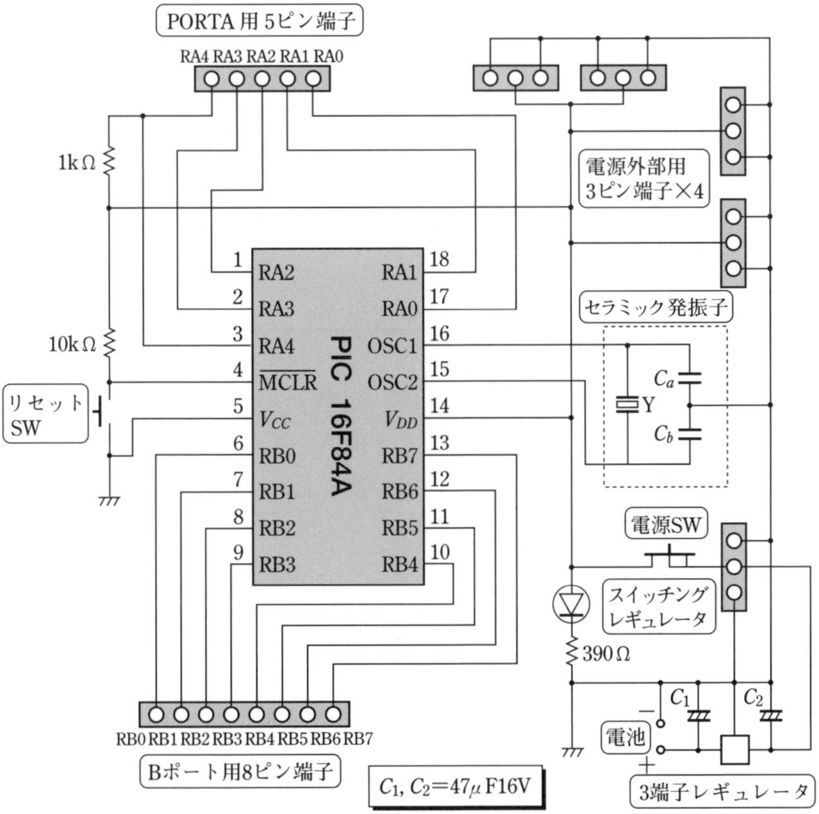

図2·1　PICメインボードの回路図

入出力端子で特に注意する点は，PORTAのRA4だけは出力がオープンドレインになっているので，このままではH（ハイ）レベルを出力できない。そこで，図2・2のようにPICの外部より電圧を加える。ここでは，1kΩの抵抗を挿入して電圧を加える。このような抵抗のことを**プルアップ抵抗**という。

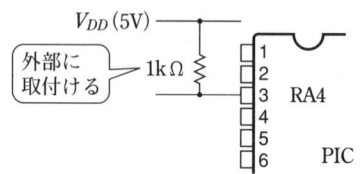

図2・2 RA4の回路

> 標準の入出力ピンは自身でH（ハイ）レベルを出力することができる。

> **プルアップ**：信号線と V_{DD}（5V）間に10kΩ程度の抵抗（プルアップ抵抗）を挿入し，信号線を常時"H"の電圧に保つようにすることである。また，信号線と V_{SS}（0V）間に10kΩ程度の抵抗を挿入し，信号線を常時"L"の電圧に保つようにすることを**プルダウン**という。

2・2 電源回路について

電源回路はPIC本体や出力用電源端子を通して各ボードに5Vを供給するためのもので，図2・3のように電源（電池），3端子レギュレータ，コンデンサ，スライドスイッチ，LED（発光ダイオード），抵抗および，接続用端子で構成している。

電源は5Vのスイッチングレギュレータを入力用電源端子（写真2・1の右下の3ピン端子）に接続して使用する方法と，写真2・3のような006P型電池を使う方法の2通りの使い方ができるようにしてある。

> 出力用電源端子（3ピン）は写真2・1の右側2個と左上側2個の合計4個用意してある。

机上で商用電源（AC100V）を利用できるような場所ではスイッチングレギュレータを使い，パフォーマンスロボットなどに組み込む場合や，商用電源を利用

2·2 電源回路について　21

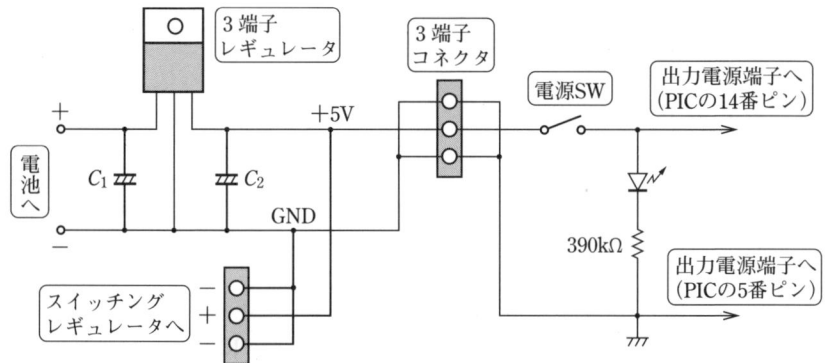

図2·3　電源回路

写真2·3　006P型電池（9V）

しにくい場所などでは電池を使うようにするとよい。ただし，スイッチを切っても電池が消耗するので，未使用時に電池をホルダーから抜いておく。また，スイッチングレギュレータと電池を同時には使用しないこと。

3端子レギュレータは写真2·4のような，3本足のICでIN（1番ピン）に電池

写真2·4　3端子レギュレータ

の"＋"（9V），GND（2番ピン）に電池の"－"を接続すると，OUT（3番ピン）に出力電圧5Vが現れる。

　INおよび，OUTに接続するコンデンサは3端子レギュレータの動作をより安定させる働きがあり，写真2・5のような**電解コンデンサ**を用いる。特にOUT側は発振防止用なので必ず接続し，実際の工作をするときは，コンデンサをできるだけ3端子レギュレータの足に近く配置する。

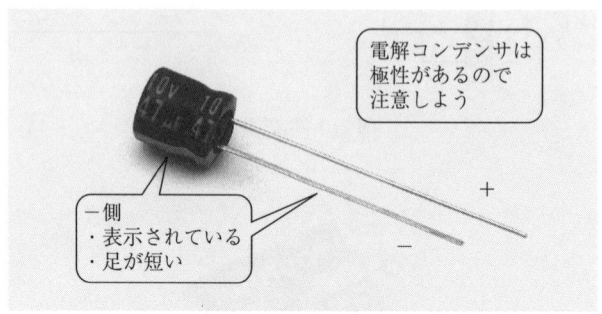

写真2・5　電解コンデンサ

　スライドスイッチは電源のON／OFFスイッチとして使い，ONにするとLEDが点灯し，各部に5Vが供給されていることを光で示す。OFFにするとLEDは消え，電源が供給されていないことを示す。

　回路に電池を接続するには，写真2・6のようなスナップ付きの電池ケーブルを用いると便利である。電池ケーブルの極性は赤が"＋"で黒が"－"となっているので，工作をするときには，接続を間違えないように注意しよう。

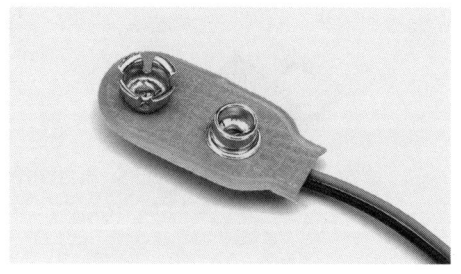

写真2・6　スナップ付電池ケーブル

LEDは写真2·7のように，**アノード**（A）と**カソード**（K）がありアノードに"＋"，カソードに"－"の電圧を加えると電流が流れ発光（点灯）する。逆に接続すると電流が流れないので点灯しない。工作をするときは，接続を間違えないように注意しよう。

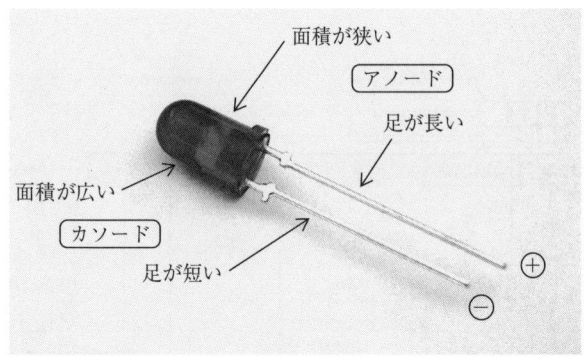

写真2·7 LED

　LEDは内部の抵抗が極めて小さいので，電圧をかけると大電流が流れて壊れてしまう。過電流を防止するためにはLEDに対して直列に抵抗を接続し，電流を制限する。この抵抗を**保護抵抗**（**制限抵抗**ともいう）といい，次のように値を求める。

$$保護抵抗\ R = \frac{V - V_F}{I_F}\ [\Omega]$$

ここで，Vは電源電圧[V]，V_FはLEDに加える電圧[V]，I_FはLEDに流す電流[A]であり，LEDは10mA程度の電流で充分に明るく発光する。一般に保護抵抗は200Ω～1kΩ程度のものが用いられる。

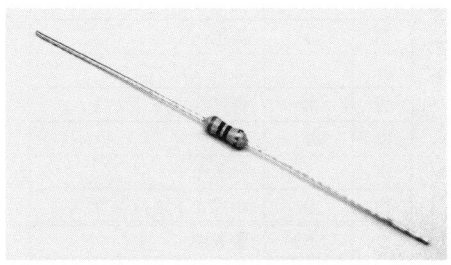

写真2·8 カーボン皮膜抵抗

LEDの保護抵抗には写真2・8のような**カーボン皮膜抵抗**を使用する。

カーボン皮膜抵抗の抵抗値は，部品に図2・4のような色の帯（**カラーコード**）で示される。カラーコードは表2・1のように0〜9までの数字にそれぞれの色を割り当てる。どのような電子工作でも必ず抵抗は使うのでカラーコードは覚えておこう！

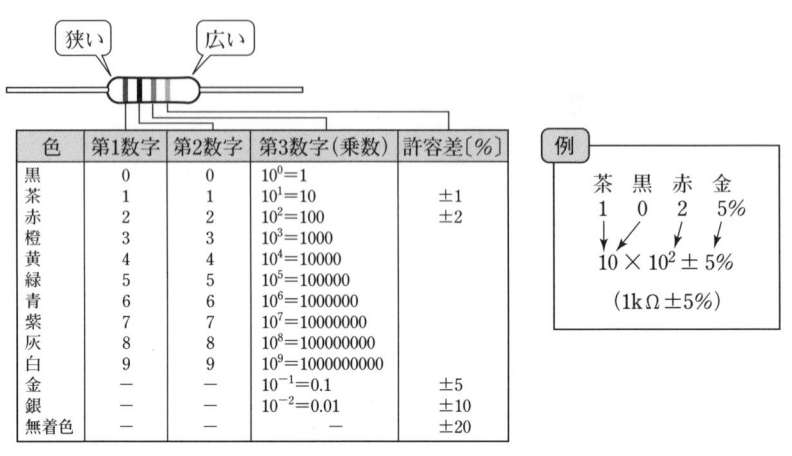

図2・4 抵抗値を色であらわす

表2・1 カラーコード

色	数値	覚え方
黒	0	黒い礼服
茶	1	茶を一杯
赤	2	赤いニンジン
橙	3	大惨事
黄	4	黄色いシミ
緑	5	ミドリゴケ
青	6	青二才のろくでなし
紫	7	紫シチブ
灰	8	ハイヤー
白	9	ホワイトクリスマス
金	±5%	金五郎
銀	±10%	

抵抗などの部品を曲げ加工する場合，根元から曲げないよう注意する．根元の部分が強度的に一番弱いので，曲げ伸ばしを繰り返すと折れてしまう．ピンセットで根元をつまみ，足を直角に曲げる．はんだ付けした後，長い足はニッパで切り取る．切り取った足はとっておこう．後でジャンパー線として使える．

接続用端子は写真2・9のような**ストレートピンヘッダ（40P）**を購入し，必要なピン数だけニッパで切り取って使用する．

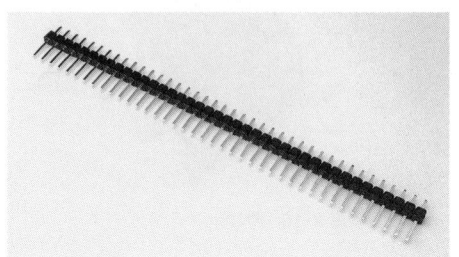

写真2・9　ストレートピンヘッダ（40P）

2・3　リセット回路について

リセット回路は図2・5のように押しボタンスイッチと抵抗のみで構成する．

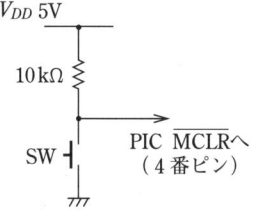

図2・5　リセット回路

リセット信号は通常"H"にしておき，"L"にすることでコンピュータを初期状態に戻すもので，PICの$\overline{\text{MCLR}}$（4番ピン）端子に常時，抵抗を通して5V（"H"）の信号を送り，押しボタンスイッチを押しているときのみ0V（"L"）の信号となり，PICをリセット（初期化）する．

26　第2章　PICメインボードを作ろう

$\overline{\text{MCLR}}$のように，文字の上に ‾‾‾ （バーと読む）が記入してある信号は"L"になると有効（アクティブ・ロー）に働き，バーのない信号は，"H"になると有効（アクティブ・ハイ）に働くことを意味する。

押しボタンスイッチは写真2・10のようなものを使用する。

写真2・10　押しボタンスイッチ

2・4　クロック回路について

クロック用外付け回路を図2・6に示す。本書ではセラミック発振子（セラロックともいう）を用いる。

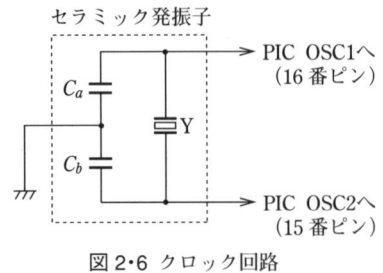

図2・6　クロック回路

写真2・11のセラミック発振子（10MHzのもの）は，コンデンサ内蔵型の3本足である。中央の足をGNDに接続し，両端の足をそれぞれPICのOSC1（16番ピン），OSC2（15番ピン）に接続する。

セラミック発振子は安価で回路が簡単であるが，高精度の制御を必要とする場

合には，**水晶発振子**を使用する。

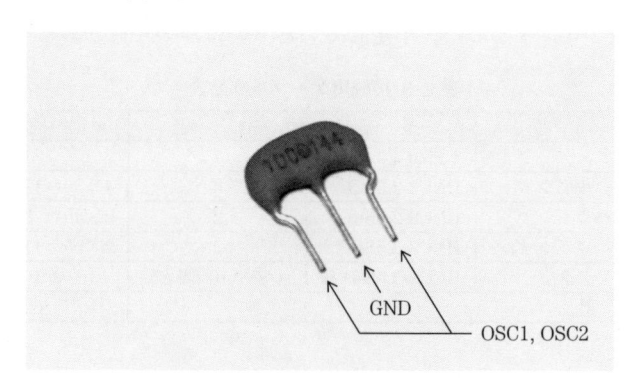

写真2・11 セラミック発振子（10MHz）

2・5 工作をしよう

ここでは，PICメインボードおよび，ボード間を接続する接続用ケーブルの工

表2・2 PICメインボード部品表

記号	品　名	型・値	数量	標準的な単価（円）
PIC	PIC IC	PIC16F84A	1	380
	ゼロプレッシャーソケット	24ピンDIP型	1	800
7805	3端子レギュレータ	JRC社 NJM7805	1	50
OSC	セラミック発振子（セラロック）	10.0MHz	1	40
SW1	スライドスイッチ	フジソクAS1D	1	205
SW2	プッシュスイッチ	ミヤマDS-660	1	100
LED	発光ダイオード	TLR113	1	20
	電池	006P　9V	1	200
C1, C2	電解コンデンサ	47μF　16V	2	25×2=50
R1	抵抗	1kΩ　1/4W	1	10
R2	抵抗	10kΩ　1/4W	1	10
R3	抵抗	390Ω　1/4W	1	10
	電池スナップ	006P用	1	30
	感光基板	サンハヤト10k	1	320
	ストレートピンヘッダ	ICピッチ40ピン	1	45
	ビス・ナット　他		少々	
合　計				2270

作をする。PICメインボードに使用する部品を表2・2に，接続用ケーブルに使用する部品を表2・3にまとめた。不足しているものはないか確かめよう。

表2・3 接続用ケーブル部品表

品　名	型・値	数　量	単価（円）
リボンケーブル	1 m 20 芯	1	210
3Pハウジング	HNC2-2.5S-3	4	4×30＝120
5Pハウジング	HNC2-2.5S-5	2	2×40＝ 80
8Pハウジング	HNC2-2.5S-8	2	2×55＝110
コンタクト	HNC2-2.5S-D-B	1袋（100個入）	100
合　計			620

(1) プリント基板を作ろう ─────────

プリント基板は，図2・7に示す配線パターン（実際には付録のパターンを使用する）を感光基板に焼き付け，エッチングして作成する。プリント基板の詳しい作り方は付録を参考にする。

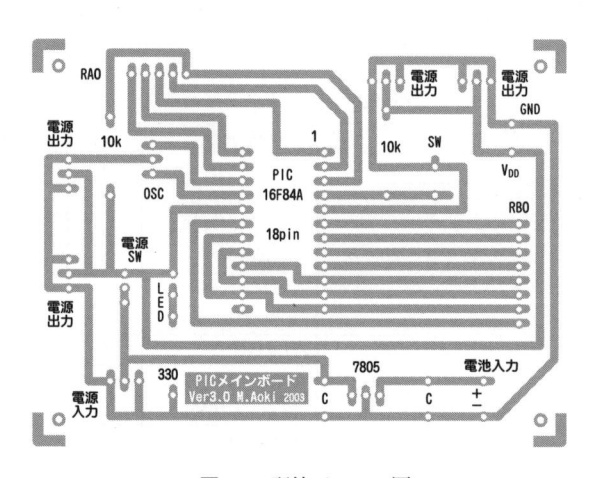

図2・7 配線パターン図

配線パターン（図2・7）と全体の回路図（図2・1）を見比べてどのように配線されているか確認しよう。

(2) 穴あけをしよう

　穴あけは，写真2・12のようなミニドリルを使う。図2・8の穴あけ図を参考にしながらϕ1.0mm（直径1.0mm）の穴をあける。ただし，押しボタンスイッチの取り付け穴はϕ1.2mmとし，四隅のネジ穴は，ϕ3.2mmにする。工作するときには，穴のあけ忘れがないように図2・8に印をつけながら行うとよい。

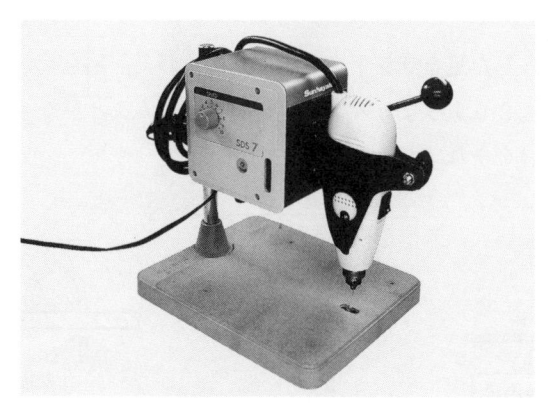

写真2・12　ミニドリル

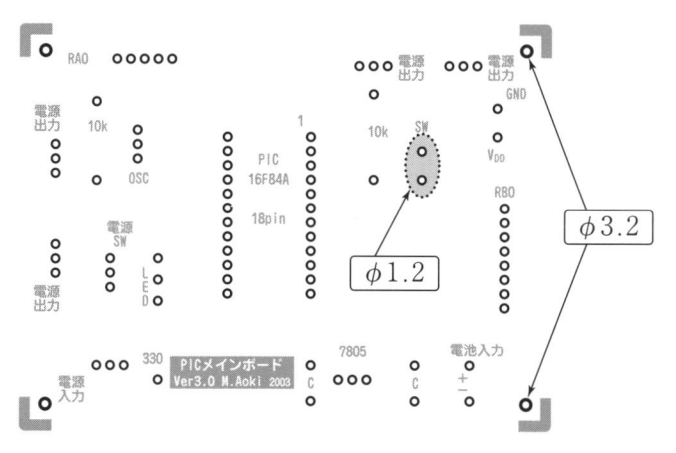

図2・8　穴あけ図

(3) 部品をはんだ付けしよう

全体の回路図（図2・1）およびパターン図（図2・7）を見ながら，背の低いものから順に部品をはんだ付けする。

a．テストピンの立て方

パターン図（図2・7）右上のV_{DD}およびGNDの穴に**テストピン**を立てておくと，電源をテスタでチェックするときや，簡単な入力信号としても使えるので便利である。

抵抗の切り落とした足をラジオペンチの先にくわえ，足をラジオペンチに沿って半周丸めると図2・9ようなテストピンを簡単に作ることができる。これを穴に挿入しはんだ付けをすればでき上がる。

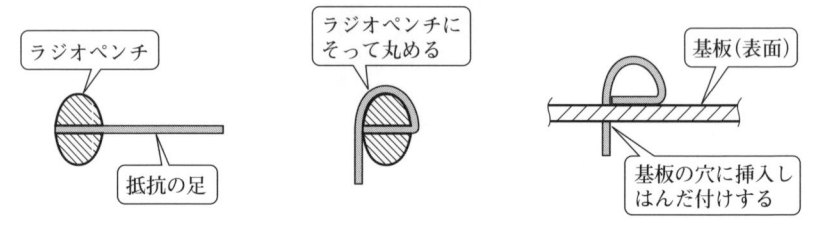

(a) ラジオペンチにはさむ　(b) ラジオペンチ沿って丸める　(c) はんだ付けしてでき上がり

図2・9　テストピンの作り方

b．端子について

端子は40ピンのストレートピンヘッダを必要なだけニッパで切り取って使用する。

c．はんだ付けのコツ

はんだゴテはIC用の15W程度のものを使用して写真2・13のように，基板にできるだけ垂直に立て，手首からひじまでの間の一ヶ所を机において安定させて持つ。

コテ先をパターンと部品の足の両方にあたるようにして予熱する。予熱する時間は，パターンの面積に応じて調整し，はんだ（ϕ 0.8mm）をコテ先がパター

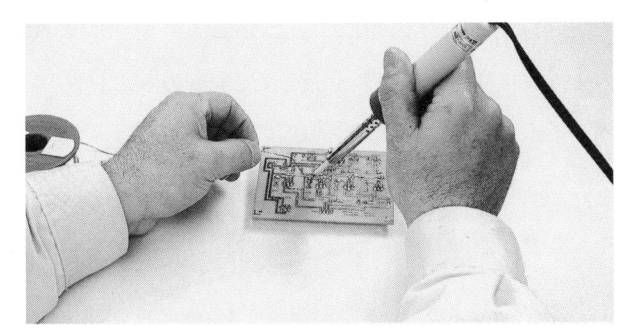

写真2·13 はんだ付けのコツ

ンに当たっている部分に適量入れる。はんだが溶けてパターン上にサァッと広がるまでコテをそのまま離さない。

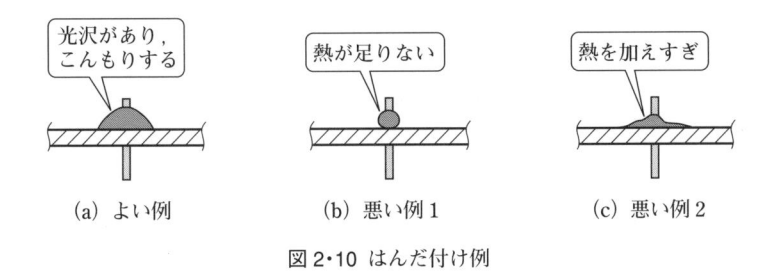

図2·10 はんだ付け例
(a) よい例 — 光沢があり、こんもりする
(b) 悪い例1 — 熱が足りない
(c) 悪い例2 — 熱を加えすぎ

(4) ねじを取り付けよう

　はんだ付けが終了したら，はんだ面がショートしないように四隅にϕ3×15mmのビスを取り付ける。

(5) ラベルをつけよう

　接続端子やスイッチに表示があれば誤配線を防げるので，ラベルプリンターなどでラベルを作り貼っておくとよい。
　PICは18ピンであるがゼロプレッシャーソケットは24ピンのものを使用しているので，PICを抜き差しするとき間違えないように，ゼロプレッシャーソケットの10～15番ピンの上にテープなどを貼っておくとよい。

(6) 接続用ケーブルを作ろう

写真2・14のような接続用ケーブル，長さ約25cmの8芯1本，5芯1本，3芯2本の工作をする。

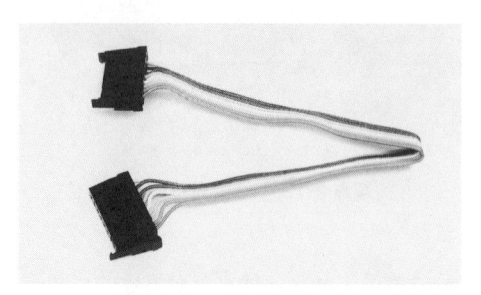

写真2・14 接続用ケーブル

リボンケーブルの両端を1cm程度裂き，電線を1本ずつにする。裂くときには工具を使わずに爪でスルメイカを裂くようにすると被覆に傷をつけずに裂ける。芯線の被覆を1mm程度ニッパで剥く。剥くときには芯線に傷をつけないように注意する。

芯線に予備はんだをする。芯線はより線になっているので直接基板や部品にはんだ付けすると，細い芯線全部にはんだが回らずにヒゲのようにバラバラに飛び出して，回路をショートさせてしまう危険がある。予備はんだは，写真2・15のように芯線を予熱してからはんだを入れ，芯線全体にはんだが回るようにする。

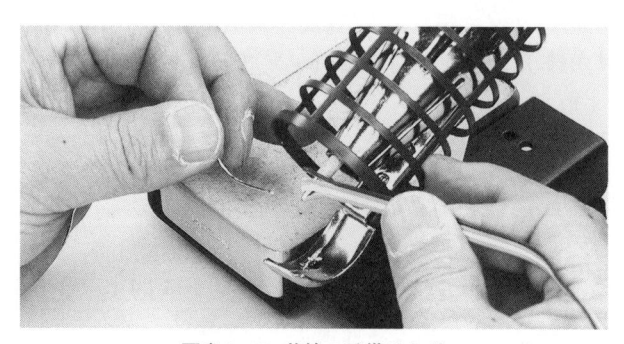

写真2・15 芯線の予備はんだ

写真2・16のようにコンタクトにも予備はんだする。コンタクトを予熱しておき，ほんの少しはんだを入れる。

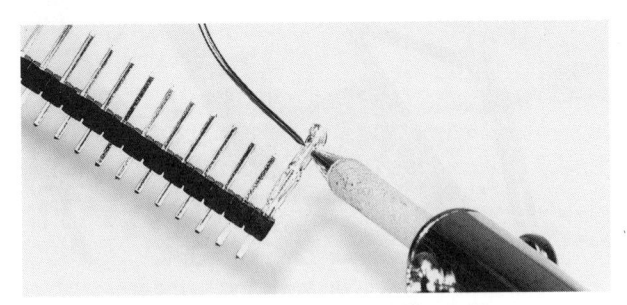

写真2・16 コンタクトの予備はんだ

芯線とコンタクトをはんだ付けする。両方とも予備はんだしているので，はんだゴテをあてて温めればはんだ付けできる。温め過ぎて被覆を溶かさないように注意する。

コンタクトの爪をラジオペンチでつぶす。本来は圧着用の部品なので専用工具を使って圧着するのが普通であるが，ここでは上記のようにはんだ付けしているのでコンタクトの爪をラジオペンチでつぶしておく。コンタクトをハウジングに挿入する。コンタクトの背中に返し爪があるのでハウジングに挿入するときには向きを間違えないようにする。入ると返し爪のところでカチッと音がする。

2・6 簡単な動作チェックをしよう

電源を入れる前に，必ずテスタでショートチェックをしよう。

(1) 電源のショートチェック

テスタのレンジを抵抗×1kにして，写真2・18のように，テスタ棒をショートさせてゼロΩ調整をする。ゼロΩ調整は，テスタのレンジを切り替えるたびに必ず行う。

電源スイッチをONにしてテストピンのV_{DD}とGND間の抵抗値を測定し記録する。順方向を測定するときは，V_{DD}にテスタの"－"（黒），GNDに"＋"（赤）のテスタ棒をあてる。逆方向を測定するときは，V_{DD}にテスタの"＋"（赤），

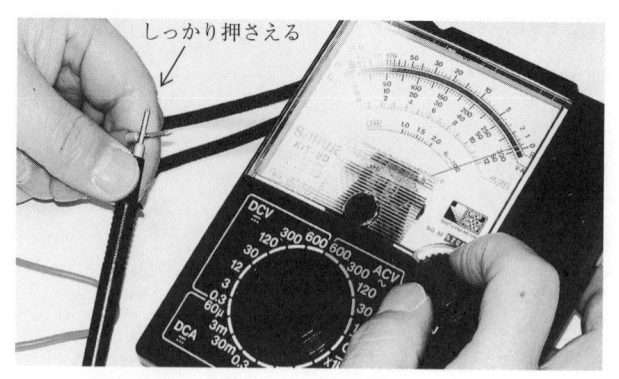

写真 2・18 ゼロΩ調整

GND に"−"(黒)のテスタ棒をあてる。

・順方向の抵抗値 ＿＿＿＿＿Ω

・逆方向の抵抗値 ＿＿＿＿＿Ω

両方とも0Ω以外であれば正常で，このPICメインボードの目安は，順方向が26kΩ程度，逆方向が∞Ω程度である。

(2) **電源の投入** ─────────

スイッチングレギュレータまたは電池を接続し，電源スイッチをONにする。LEDが点灯すればOK。

(3) **電圧のチェック** ─────────

テスタのレンジを直流電圧12V（DC12V）にする。テストピンのV_{CC}とGND間電圧を測定し記録する（5VであればOK）。

・電源電圧 ＿＿＿＿＿V

ゼロプレッシャーソケットの14番ピン（V_{DD}）と5番ピン（V_{SS}）の間の電圧を測定し記録する（約5VであればOK）。

・PICの電源電圧 ＿＿＿＿＿V

ここまでできれば，PICメインボードは一通り完成。このボードだけでは，プログラムを入れて動作させても意味がないので第3章の入出力ボードを引き続き工作しよう！

3 入出力ボードを作ろう

3・1 入出力ボードについて

　入出力ボードは写真3・1のように入力用のスイッチ4個と出力表示用の7セグメントLED2個を中心に構成する。

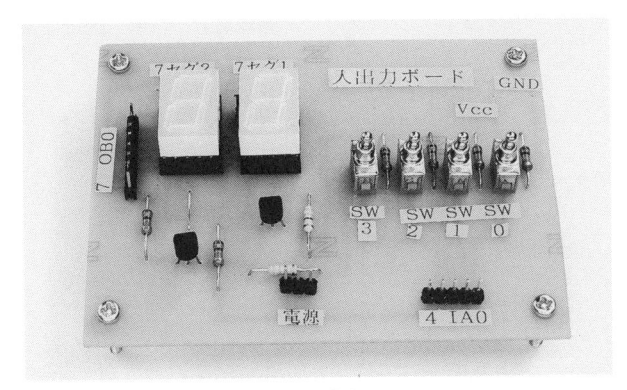

写真3・1　入出力ボード

　入出力ボード全体の回路を図3・1に示す。
　入出力ボードは，PICメインボードと組み合わせて基礎実験からパフォーマンスロボットのシミュレーションまで，さまざまな実験ができるような工夫を施した。PICのプログラムを学習するのにとても便利である。

3・2 入力回路について

　PICメインボードで扱う信号は"H"（5V）と"L"（0V）のみなので，この信号をスイッチのON／OFFを利用して作り出し入力信号として使う。トグルスイッチで入力信号を作る回路は図3・2のようになる。これはPICメインボードのリセット回路と同じである。

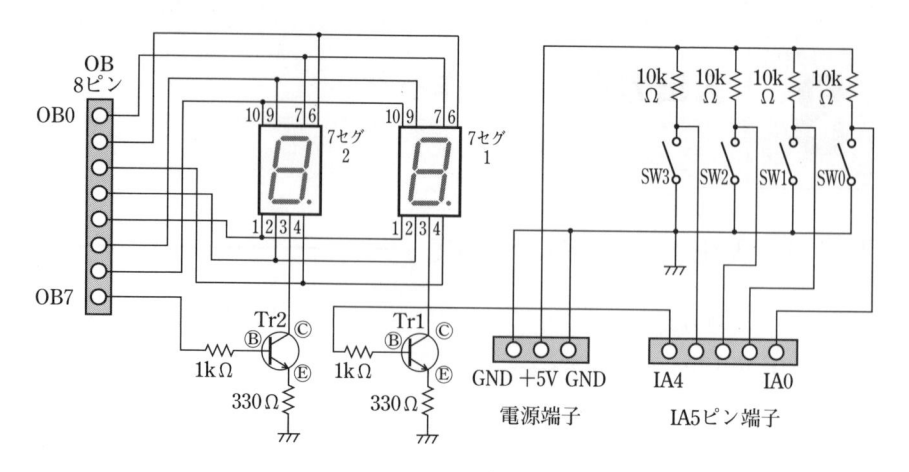

図3·1 入出力ボードの回路図

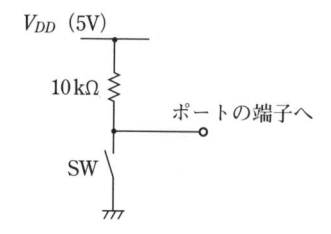

図3·2 スイッチ入力回路

　スイッチがOFFのとき，電源V_{DD}から抵抗を通り約5Vの電圧がポートの端子に伝わる（"H"の信号）。スイッチがONのとき，電流は電源V_{DD}から抵抗・スイッチを通り流れる。スイッチの抵抗は0Ωなので，ポートの端子は0Vの電圧となる（"L"の信号）。図3·2と同じ回路を4つ作りまとめることで，SW0～SW3の4ビット入力回路ができる。

　入出力ボードでは，SW0～SW3をポートの端子IA0～IA3に配線し，PICメインボードの入力として，RA0～RA3に接続して使う。

3・3 出力回路について

出力回路は 7 セグメント LED, トランジスタ, 抵抗で構成する。

(1) 7 セグメント LED

写真 3・2 の 7 セグメント LED は, 図 3・3 (a) のように 7 つの LED (セグメント) が一体になっており, 組み合わせて点灯させることで数字などを表示する。Dp は小数点表示用の LED でここでは使用しない。

写真 3・2　7 セグメント LED

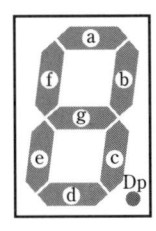

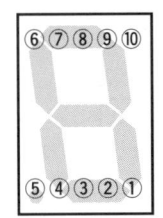

(a) 外観　　　　　　(b) 内部接続 (カソードコモン)

図 3・3　7 セグメント LED

内部接続とピンとの対応は図 3・3 (b) のようになっており, それぞれのダイオードのカソードが共通になっているので, **カソードコモン形**という。また, アノードが共通になっているものを**アノードコモン形**という。

たとえば, セグメント a を点灯させるには 7 番ピンを ＋5V, 3 番ピンまたは 8

番ピン（コモンピン）は保護抵抗を介してGNDに接続する．同様に，数字の"3"を表示するにはセグメントa・b・c・d・gの5つを同時に点灯させる．

入出力ボードでは，セグメントa～gをポートの端子OB0～OB6に配線してあるので，PICメインボードよりそれぞれのポートに"H"の信号を送れば点灯し，"L"の信号を送れば消灯する．

(2) トランジスタ ─────────────

写真3・3のトランジスタは，図3・4のようにエミッタ（E），コレクタ（C），ベース（B）の3本の足があり，エミッタには電流の方向を示す矢印が付いている．この矢印の向きにより**npn形**と**pnp形**の2種類がある．

写真3・3 トランジスタ

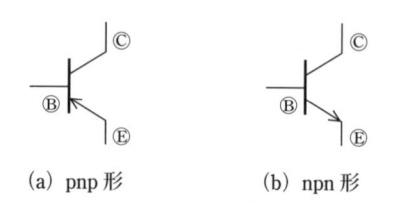

(a) pnp形　　　(b) npn形

図3・4 トランジスタの図記号

デジタル回路でトランジスタを使うときは，図3・5のような電子スイッチの役割として利用することが多い．

ベース（B）に"H"の信号が入ると，コレクタ（C）とエミッタ（E）間に電流を流すことができるようになる．この状態は，スイッチを入れたときと同じ働きをするので，**トランジスタのON状態**という．また，ベース（B）に"L"の信号

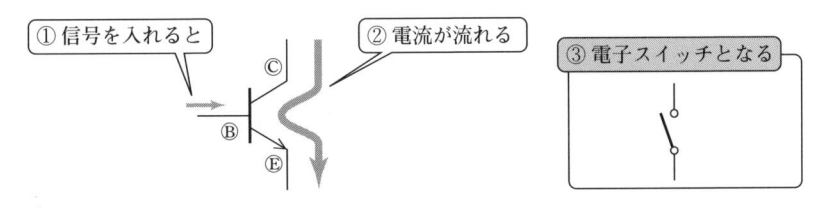

図3・5 トランジスタの働き

が入ると，コレクタ（C）とエミッタ（E）間は遮断され電流が流れなくなる。この状態は，スイッチを切ったときと同じ働きをするので，**トランジスタのOFF状態**という。このような作用をトランジスタの**スイッチング作用**という。

(3) ダイナミックドライブ

入出力ボードでは，7セグメントLEDを2個（「7セグ1」と「7セグ2」）使用している。図3・1の配線をよく見ると，それぞれのセグメント信号は7セグ1と7セグ2で共通に使用している。違うのは3番ピン（コモン）のところだけである。

3番ピンの先は図3・6のような回路で，トランジスタのスイッチング作用を利用して，ベース（B）に"H"の信号が入るとコレクタ（C）とエミッタ（E）間に電流が流れるようになり，7セグメントLEDは点灯可能になる。また，トランジスタのベース（B）の信号が"L"になるとコレクタ（C）とエミッタ（E）間の電流は流れなくなり，7セグメントLEDは消灯する。

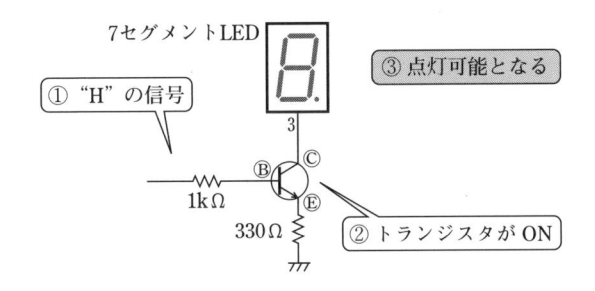

図3・6 3番ピンのON/OFF

7セグ1と7セグ2の点灯を制御するには，PICよりトランジスタのベースに"H"または"L"の信号を送ればよい。

このような点灯方法を用い，LEDのON／OFFを高速に繰り返し，見かけ上2つのLEDが連続して点灯しているように表示する方法を**ダイナミックドライブ**といい，電光表示板などの点灯回路によく使われている。

入出力ボードでは，7セグ1と7セグ2を制御する信号をポートの端子IA4・OB7に配線してあるので，PICメインボードよりそれぞれに信号を送り，制御する。

3・4　工作と動作チェック

入出力ボードに使用する部品を表3・1にまとめた。不足しているものはないか確かめよう。

表3・1　入出力ボード部品表

記号	品名	型・値	数量	標準的な単価（円）
SW0〜3	トグルスイッチ	フジソクATE1D	4	320×4＝1280
7セグ1, 7セグ2	7セグメントLED	HDSP－H103	2	190×2＝ 380
Tr1, Tr2	トランジスタ	2SC1518	2	30×2＝ 60
R0〜R3	抵抗	10kΩ	4	10×4＝ 40
R4, R5	抵抗	1kΩ	2	10×2＝ 20
R6, R7	抵抗	330Ω	2	10×2＝ 20
	感光基板	サンハヤト10k	1	320
	ストレートピンヘッダ	ICピッチ40ピン	1	45
	ネジ 他		少々	
合　計				2085

(1) プリント基板を作ろう

プリント基板は，付録の「プリント基板の作り方」を参考にする。

配線パターンを図3・7に示す。全体の回路図（図3・1）と見比べてどのように配線されているか確認しよう。

入出力ボード用の配線パターンは，付録にあるものを使用する。

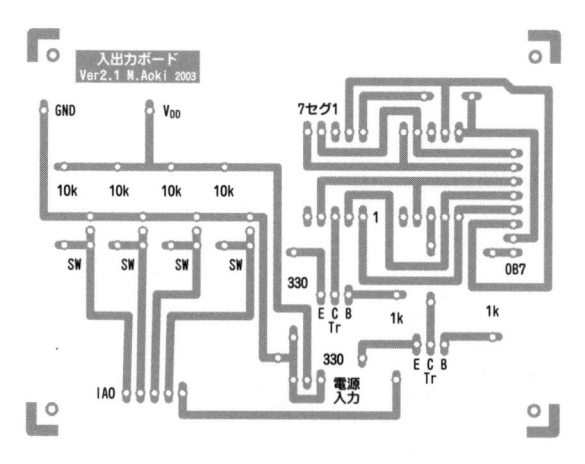

図3·7 パターン図

(2) 穴あけをしよう

　穴あけは，図3·8の穴あけ図を参考に φ1.0mm の穴をあける。ただし，四隅のネジ穴は φ3.2mm にする。工作するときには，穴のあけ忘れがないように図3·8に印をつけながら行うとよい。

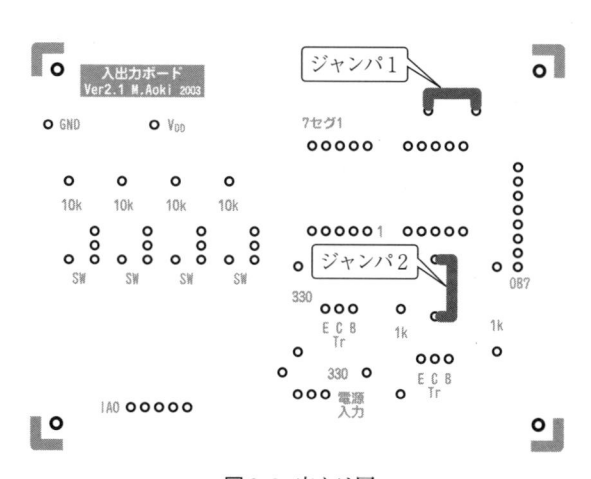

図3·8 穴あけ図

(3) 部品を取り付けよう

全体の回路図（図3・1）およびパターン図（図3・7）を見ながら背の低い部品から順に取り付ける。

ジャンパ線の取り付け

ジャンパ線（プリントパターンをジャンプする配線）は抵抗などの足を切り取ったものを使い，写真3・4ようにピンセットで直角に曲げて作る。

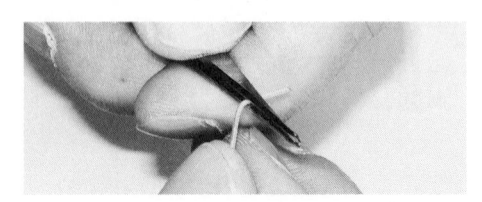

写真3・4 ジャンパ線の作り方

ジャンパするところは，穴あけ図（図3・8）のジャンパ1（7セグ1の10番ピンと7セグ2の10番ピン），ジャンパ2（7セグ2の3番ピンとトランジスタTr2のコレクタ（C））の2カ所である。

トランジスタの2SC1815は，図3・9のように正面左からエミッタ（E），コレクタ（C），ベース（B）の順になっているので向きを間違えないように注意する。

図3・9 トランジスタ 2SC1815

トランジスタ2SC1815の足は，エクボ（ECB）と覚えよう。

(4) 簡単な動作チェックをしよう

a．電源のショートチェックをしよう

入力用スイッチSW0～SW3をOFF（下側）にしておき，2・6節の「簡単な動作チェックをしよう」と同様に，テスタでチェックピンのV_{DD}とGND間の抵抗値を測定し記録する。

・順方向の抵抗値　　＿＿＿＿Ω
・逆方向の抵抗値　　＿＿＿＿Ω

順方向及び逆方向とも0Ω以外であれば正常で，目安は順方向・逆方向とも2.5kΩ程度である。

b．入力回路をチェックしよう

電源のショートチェックと同様に，テスタをチェックピンのV_{CC}とGND間にあて，SW0～SW3を順番にON（上側）にしていき，そのときの抵抗値を測定し記録する。

・SW0をONにしたときの抵抗値　　＿＿＿＿Ω（目安は，3.4kΩ程度）
・SW0, 1をONにしたときの抵抗値　　＿＿＿＿Ω（目安は，5kΩ程度）
・SW0～2をONにしたときの抵抗値　　＿＿＿＿Ω（目安は，10kΩ程度）
・SW0～3をONにしたときの抵抗値　　＿＿＿＿Ω（目安は，∞Ω程度）

ONとなるスイッチの個数に応じて抵抗値は上がればOK。

c．7セグメントLEDの点灯チェックをしよう

図3・10のように電池（またはスイッチングレギュレータ），PICメインボード，入出力ボードを接続する。接続用ケーブルの位置に注意する。

PICメインボードの電源スイッチをONにする。表3・2のように入出力ボードのSW0～3の設定に応じて，7セグ1がそれぞれ点灯する。表3・2の通りになれば完成！

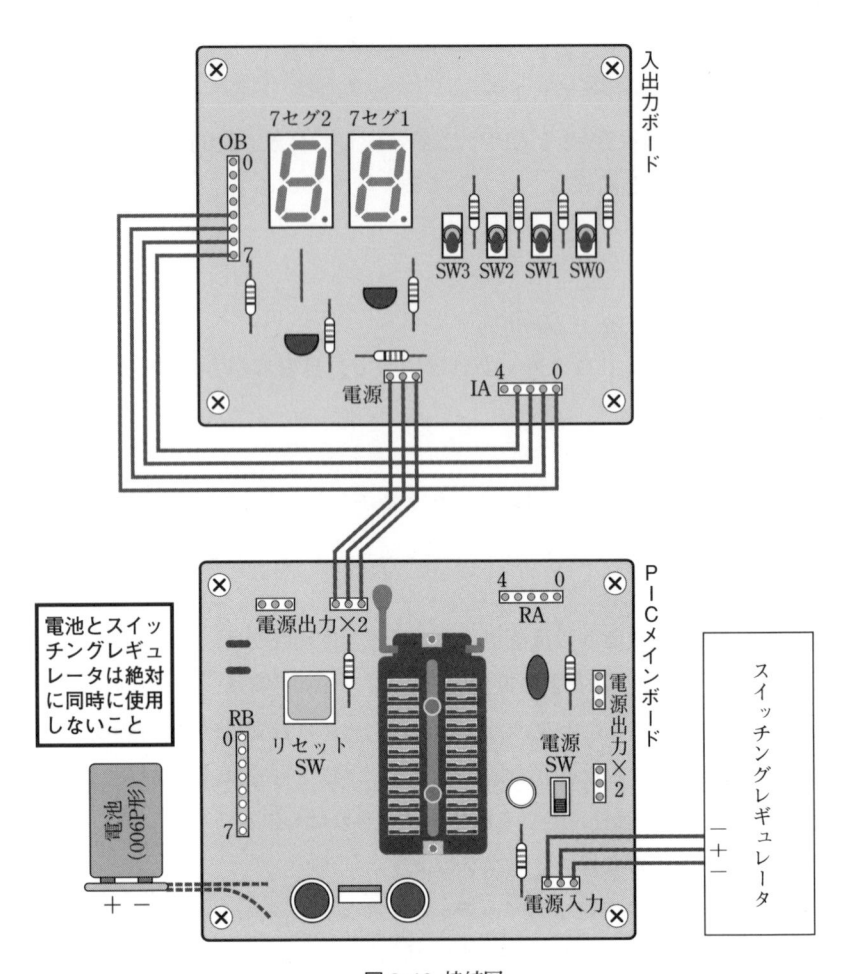

図3・10 接続図

表3・2 7セグ1のチェック

入力スイッチ				7セグ1
SW3	SW2	SW1	SW0	点灯セグメント
ON	OFF	OFF	ON	e
ON	OFF	ON	OFF	f
ON	ON	OFF	OFF	g
ON	ON	ON	ON	e, f, g

3・5 プログラムで動かそう

プログラムを動かすためには，図3・11に示す手順で行う。

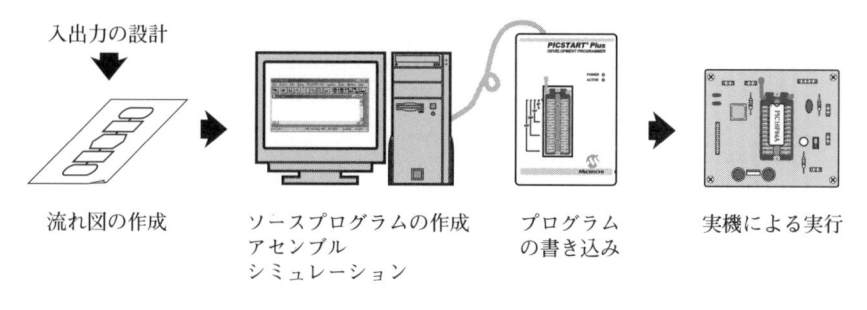

流れ図の作成　→　ソースプログラムの作成　アセンブル　シミュレーション　→　プログラムの書き込み　→　実機による実行

図3・11 プログラム開発手順

プログラミングの前に実機のポートについて確認しておく。PICメインボード，入出力ボードを図3・12のように接続し，実機を構成する。

入出力ポートの割り当てを表3・3に示す。

表3・3 入出力ポートの割り当て

PIC	RA4	RA3	RA2	RA1	RA0	RB7	RB6	RB5	RB4	RB3	RB2	RB1	RB0
入出力	IA4	IA3	IA2	IA1	IA0	OB7	OB6	OB5	OB4	OB3	OB2	OB1	OB0
対象	7セグ1	SW3	SW2	SW1	SW0	7セグ2	g	f	e	d	c	b	a

本書付録のCD-ROMに全ての例・課題のソースプログラムを収録してあるので参考にするとよい。

(1) **出力のみのプログラム**

例題3・1

入出力ボードの7セグ2のセグメントaを点灯するプログラムを作り実行する。

プログラミングするときは「何をどのようにするか？」をしっかり把握するこ

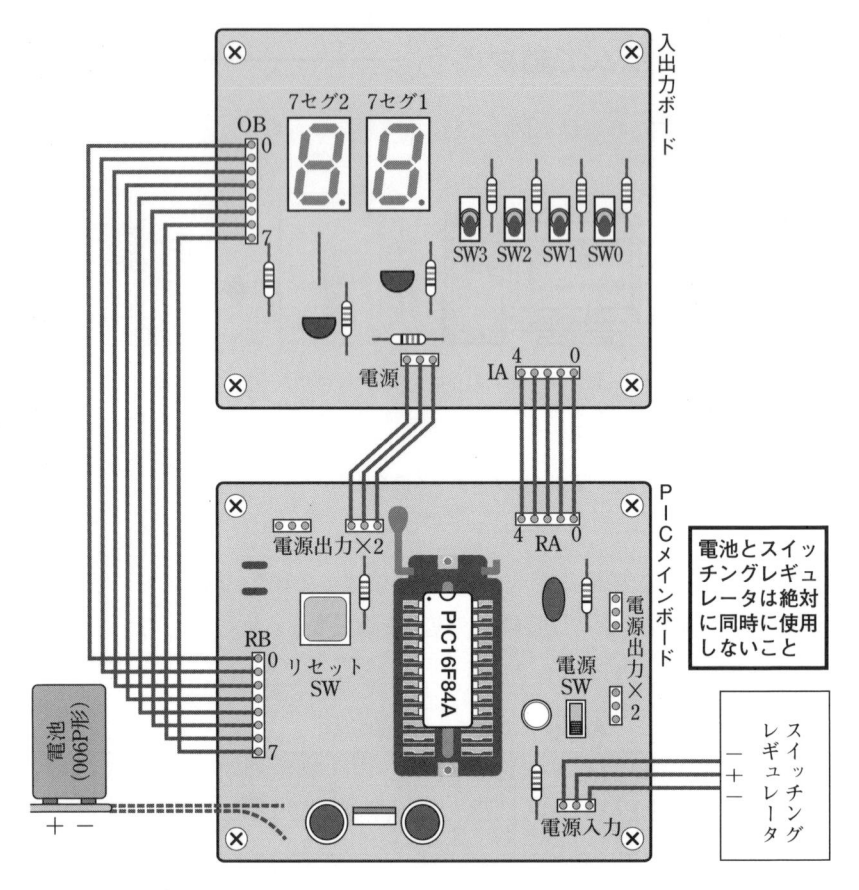

図 3・12 接続図

とが大切となる。この例題では，7セグ2のセグメントaを点灯するだけのプログラムであるが，実はこの命令だけを記述しても動作はしない。次のように初期設定部を加えプログラムする。

プログラムのはじめに，特殊レジスタのアドレスなどをわかりやすくラベルに定義した**標準定義**ファイルを INCLUDE 命令（擬似命令なので機械語には変換されない）で取り込む。

PIC は電源を入れると自動的にリセット（パワーオンリセット）され，その後，

プログラムはメモリの0番地から順に実行される。プログラムの最初の部分でPICの入出力ポート（PORTAとPORTB）をビットごとに入力（"1"）にするか出力（"0"）にするかを設定する。設定はTRISAおよびTRISBレジスタに対して行う。この場合は，バンクを"1"に切り替えてから設定し，設定終了後はバンクを"0"に戻しておく。PORTAおよびPORTBのデータをすべて"0"（クリア）にする。ここまでは本書におけるどのプログラムでも共通の初期設定である。

次に，7セグ2のセグメントaを点灯させる。点灯させるためには，PORTBのビット0（セグメントaの点灯）を"1"に設定し，PORTBのビット7（7セグ2の点灯）を"1"に設定する。

以上のことを実際の命令で書く（コーディングする）とリスト3・1のようになる。

リスト3・1

```
;
;       例題 3・1  7セグ2のセグメントaを点灯する    [ex03_01.asm]
;
        INCLUDE  P16F84A.INC     ; 標準ヘッダファイルの取込み

        ORG      H'00'           ; 00 番地に指定
;
SETUP   BSF      STATUS,RP0      ; バンク1に変更
        MOVLW    B'00001111'     ; "0"は出力／"1"は入力
        MOVWF    TRISA           ; PORTA の設定
        MOVLW    B'00000000'     ; "0"は出力／"1"は入力
        MOVWF    TRISB           ; PORTB の設定
        BCF      STATUS,RP0      ; バンク0に変更
        CLRF     PORTA           ; PORTA をクリア
        CLRF     PORTB           ; PORTB をクリア
;
MAIN    BSF      PORTB,0         ; セグメントaを設定
        BSF      PORTB,7         ; 7セグ2を点灯

        END                      ; プログラムの終了
```

覚えよう！ PICの命令

[01] **BSF** 命令（Bit Set File register の略）
　《 例 》　　BSF　　PORTB,7
　《 意味 》　PORTB（ファイルレジスタの名前）のビット7を"1"にしなさい。

[02] **BCF** 命令（Bit Clear File register の略）
　《 例 》　　BCF　　STATUS,RP0
　《 意味 》　STATUS（特殊レジスタの名前）のRP0（ビット5）を"0"（クリア）にしなさい（特殊レジスタの名前やビット名は標準定義ファイル"PIC16F84A.INC"に定義してある）。

　BSF命令とBCF命令はファイルレジスタをビットごとに操作する命令で頻繁に使用するので確実に覚えよう！

[03] **MOVLW** 命令（MOVe Literal to Working register の略）
　《 例 》　　MOVLW　B'11110101'
　《 意味 》　Wレジスタに数値'11110101'（2進数）を設定しなさい。

[04] **MOVWF** 命令（MOVe Working register to File register の略）
　《 例 》　　MOVWF　TRISB
　《 意味 》　Wレジスタの内容をTRISB（ファイルレジスタ）に転送しなさい。

　ファイルレジスタに直接数値を設定できないので，MOVLW命令とMOVWF命令を組み合わせて使用する。

[05] **CLRF** 命令（CLeaR File register の略）
　《 例 》　　CLRF　　PORTA
　《 意味 》　ファイルレジスタのPORTAをクリア（すべてのビットを"0"）にしなさい。

[06] **INCLUDE** 命令〔擬似命令〕
　《 例 》　　INCLUDE　PIC16F84A.INC
　《 意味 》　このプログラムの中に，標準定義ファイルのPIC16F84A.INCファイルを

読み込み，特殊レジスタなどをラベル指定できるようにする。

[07] ORG 命令（ORiGin の略）〔擬似命令〕
《 例 》 ORG 4
《 意味 》 次行以降の命令をプログラムメモリの4番地より格納しなさい。

[08] END 命令〔擬似命令〕
《 例 》 END
《 意味 》 ソースプログラムの終了を示し，ソースプログラムの最後に記述する。

課題

3・1 7セグ2のセグメントb～gのうち2つを選び，そのセグメントを点灯するプログラムを作り，実行しなさい。

3・2 7セグ1のセグメントaを点灯するプログラムを作り実行する。
［ヒント］PORTAのビット4（IA4）が7セグ1の表示用ビットになっている

3・3 7セグ1のセグメントb～gのうち2つを選び，そのセグメントを点灯するプログラムを作りなさい。

3・4 7セグ1と2のセグメントdを同時に点灯するプログラムを作りなさい。

3・5 7セグ1のセグメントbとcを同時に点灯するプログラムを作りなさい。

3・6 7セグ2に数字の2を表示するプログラムを作りなさい。

3・7 7セグメントLEDに"0"～"F"を表示する。それぞれのビット構成を図3・13に示しなさい。

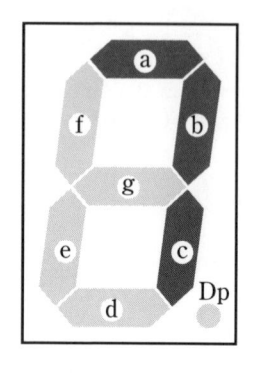

数値	セグメントの状態						
	g	f	e	d	c	b	a
0							
1							
2							
3							
4							
5							
6							
7	0	0	0	0	1	1	1
8							
9							
A							
b							
C							
d							
E							
F							

図3・13 7セグメントLEDのビット構成

(2) 入出力のプログラム

　入力用のスイッチをON（"H"）／OFF（"L"）し，出力の表示を制御する方法として，次の2通りが考えられる。

① ビットごとにチェックする方法

　SW0～SW3のON（"H"）状態ごとに，それぞれ"0"～"3"の表示をビットごとに割り当てる。最初にSW0のON／OFFをチェックし，もし，SW0がONであれば"0"を表示する。SW0がOFFであれば次のSW1チェックするという動作をSW3まで繰り返す。これを流れ図で表すと図3・14のようになる。この場合はSW0が最優先となり，たとえばSW0とSW3を同時にONにしていてもSW0の判断が先になるので，SW0の処理だけが行われる。また，この場合にはスイッチの数だけの判断しかできない。このように優先順位の高いものから聞きまわる方法を**ポーリング方法**といい，制御系ではよく用いられる。

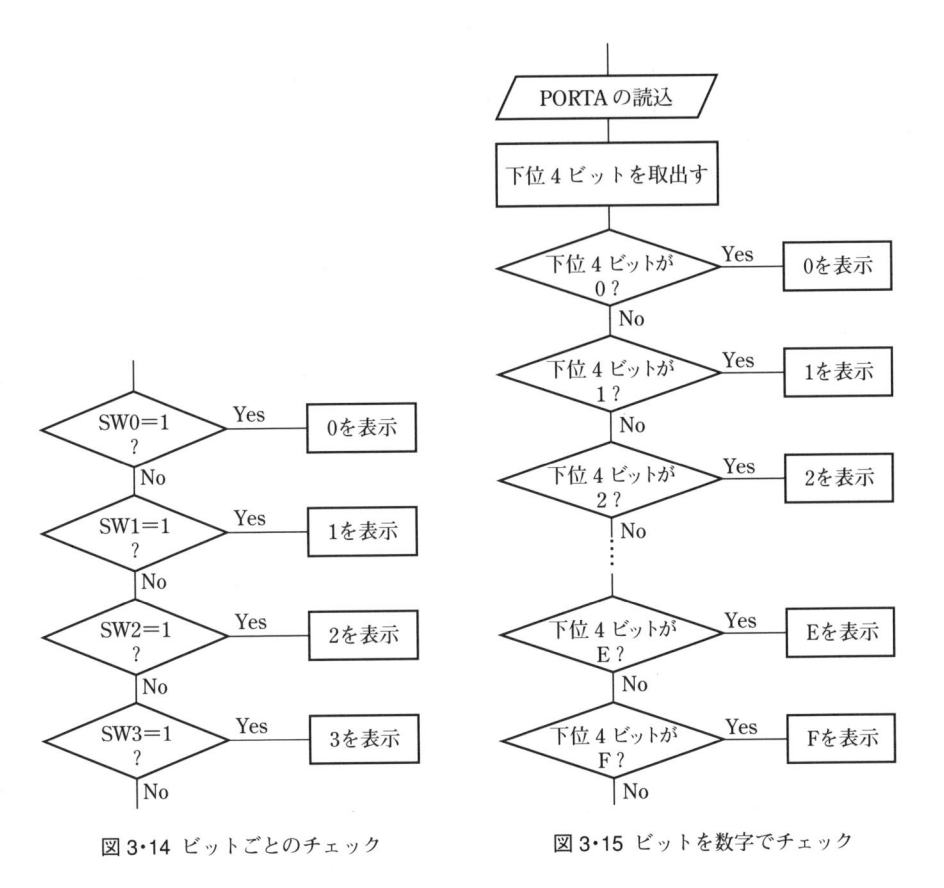

図3·14 ビットごとのチェック　　　図3·15 ビットを数字でチェック

② ビットを数字（16進数）で扱う方法

　4つのスイッチをまとめて16進数として取り扱うことで"0"～"F"までを表示する。PORTAの下位4ビットを取り出し，その入力された数に応じた処理をする。この動作を流れ図で表すと図3·15のようになる。この場合，4つのスイッチ全部を判断するので①の方法よりも多種類の判断ができる。

例題 3・2

SW0～SW3のON（"H"）に対応して，"0"～"3"を7セグ2に表示するプログラムを作り実行する。

流れ図を図3・16，ソースリストをリスト3・2に示す。

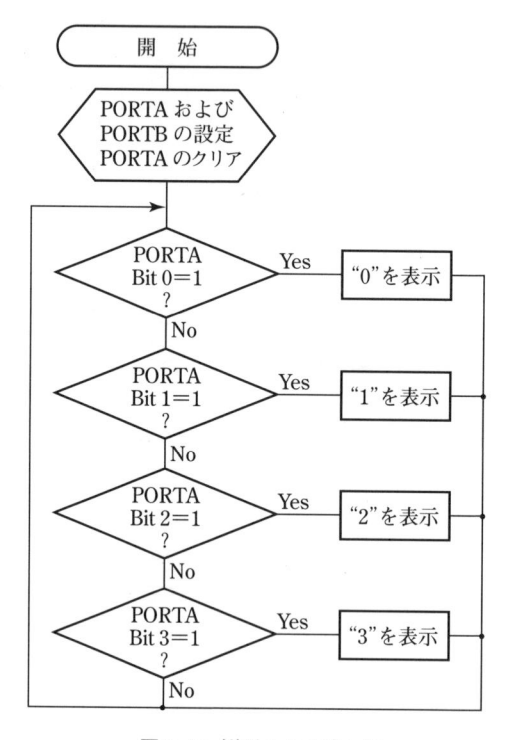

```
           開 始
            ↓
    ┌───────────────┐
    │ PORTA および   │
    │ PORTB の設定   │
    │ PORTA のクリア │
    └───────────────┘
            ↓
    ┌──→ ◇ PORTA Bit 0=1 ? ──Yes──→ "0"を表示 ──┐
    │      │No                                   │
    │      ◇ PORTA Bit 1=1 ? ──Yes──→ "1"を表示 ──┤
    │      │No                                   │
    │      ◇ PORTA Bit 2=1 ? ──Yes──→ "2"を表示 ──┤
    │      │No                                   │
    │      ◇ PORTA Bit 3=1 ? ──Yes──→ "3"を表示 ──┤
    │      │No                                   │
    └──────┴───────────────────────────────────────┘
```

図3・16 例題3・2の流れ図

リスト3・2

```
;  ─────────────────────────────────────────────
;  例題3・2  SW0 ～ SW3 の ON ("H") に対応して, "0" ～ "3" を
;           7セグ2に表示する              [ex03_02.asm]
;  ─────────────────────────────────────────────
;  RA0 ～ 3     :入力    RA0 が ON  ⇒  7セグ2に0を表示
;  RA4, RB0 ～ 7 :出力   RA1 が ON  ⇒  7セグ2に1を表示
;                        RA2 が ON  ⇒  7セグ2に2を表示
;                        RA3 が ON  ⇒  7セグ2に3を表示
;  ─────────────────────────────────────────────

         INCLUDE  P16F84A.INC   ; 標準ヘッダファイルの取込み

         ORG      H'00'         ; 00番地に指定
;
SETUP    BSF      STATUS,RP0    ; バンク1に変更
         MOVLW    B'00000000'   ; "0"は出力／"1"は入力

         MOVWF    TRISB         ; PORTBの設定
         MOVLW    B'00001111'   ; "0"は出力／"1"は入力
         MOVWF    TRISA         ; PORTAの設定
         BCF      STATUS,RP0    ; バンク0に変更
         CLRF     PORTA         ; PORTAをクリア
;
MAIN     BTFSC    PORTA,0       ; PORTAのビット0をチェック
         GOTO     NEXT_0        ; "0"表示へ
         BTFSC    PORTA,1       ; PORTAのビット1をチェック
         GOTO     NEXT_1        ; "1"表示へ
         BTFSC    PORTA,2       ; PORTAのビット2をチェック
         GOTO     NEXT_2        ; "2"表示へ
         BTFSC    PORTA,3       ; PORTAのビット3をチェック
         GOTO     NEXT_3        ; "3"表示へ

         GOTO     MAIN          ; "MAIN"へ

NEXT_0   MOVLW    B'10111111'   ; CODE 0
         MOVWF    PORTB         ; "0"表示
         GOTO     MAIN          ; "MAIN"へ

NEXT_1   MOVLW    B'10000110'   ; CODE 1
         MOVWF    PORTB         ; "1"表示
         GOTO     MAIN          ; "MAIN"へ
```

```
       NEXT_2   MOVLW    B'11011011'    ; CODE 2
                MOVWF    PORTB          ; "2"表示
                GOTO     MAIN           ; "MAIN"へ

       NEXT_3   MOVLW    B'11001111'    ; CODE 3
                MOVWF    PORTB          ; "3"表示
                GOTO     MAIN           ; "MAIN"へ

                END                     ; プログラムの終了
```

覚えよう! 流れ図の記号

流れ図にはいろいろな記号がある。よく使われる記号を覚えよう！

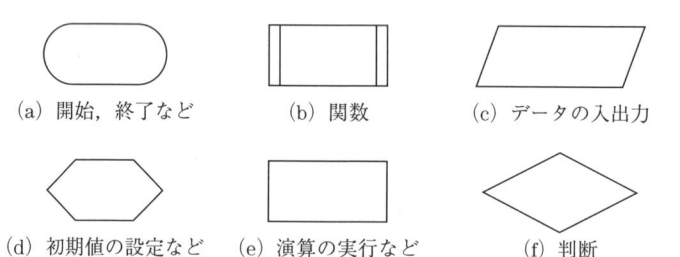

(a) 開始, 終了など　　(b) 関数　　(c) データの入出力

(d) 初期値の設定など　(e) 演算の実行など　(f) 判断

図3・17 よく使われる流れ図

覚えよう! PICの命令

[09] **BTFSS命令** (Bit Test File register, Skip if Set の略)
　《 例 》BTFSS　　PORTA, 0
　《 意味 》もし, PORTAのビット0が "1"（セット）ならば次の命令をスキップしなさい。

[10] **BTFSC命令** (Bit Test File register, Skip if Clear の略)
　《 例 》BTFSC　　PORTA, 2
　《 意味 》もし, PORTAのビット2が "0"（クリア）ならば次の命令をスキップしなさい。

BTFSS命令とBTFSC命令はファイルレジスタのビットをチェックする命令。

[11] **GOTO 命令**（GO TO address の略）
  《 例 》 GOTO　　NEXT_1
  《 意味 》 NEXT_1（address：ラベル名）に分岐（ジャンプ）しなさい。

GOTO 命令は無条件ジャンプする命令でアセンブラでは多用するが，注意しないと意図しない無限ループ（永遠にそこで回り続ける）を作る恐れがあるので注意する。

課題

3・8　SW0～SW3 の ON（"H"）に対して，それぞれ "4"～"7" を 7 セグ 2 に表示する流れ図とプログラムを作り実行する。

3・9　SW0～SW3 の ON（"H"）に対して，それぞれ "8"～"B" を 7 セグ 1 に表示する流れ図とプログラムを作り実行する。

3・10　SW0～SW3 の ON（"H"）に対して，それぞれ "C"～"F" を 7 セグ 1 と 7 セグ 2 に表示する流れ図とプログラムを作り実行する。

例題 3・3

4 つのスイッチをまとめて 4 ビットの 2 進数として取り扱い "0"～"3" までを 7 セグ 2 に表示するプログラムを作り実行する。

流れ図を図 3・18，ソースリストをリスト 3・3 に示す。

リスト 3・3

```
;
;    例題3・3  4つのSWをまとめて4ビットの2進数として取り扱い
;             "0"～"3"までを7セグ2に表示する      [ex03_03.asm]
;
; RA0～3      ：入力 RA0：OFF , RA1：OFF⇒7セグ2に0を表示
; RA4,RB0～7  ：出力 RA0：ON  , RA1：OFF⇒7セグ2に1を表示
;                   RA0：OFF , RA1：ON ⇒7セグ2に2を表示
;                   RA0：ON  , RA1：ON ⇒7セグ2に3を表示
;
;
```

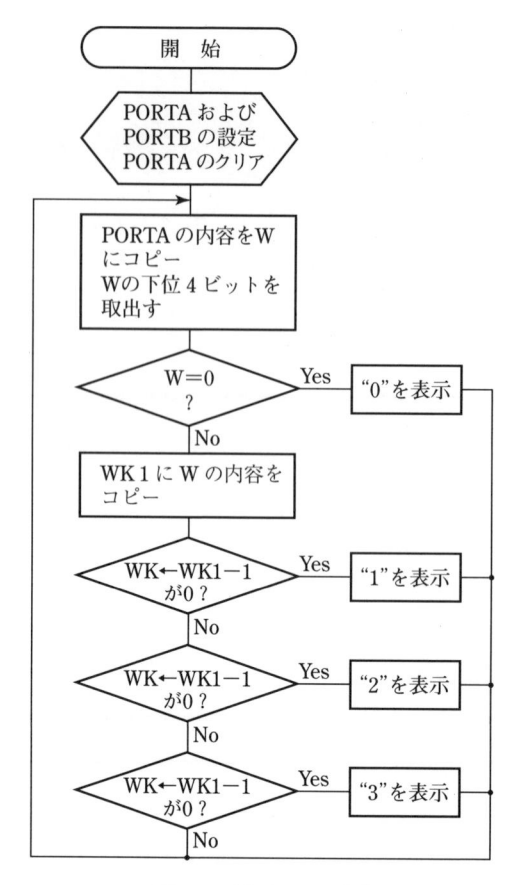

```
開 始
   ↓
PORTA および
PORTB の設定
PORTA のクリア
   ↓
PORTA の内容をW
にコピー
Wの下位4ビットを
取出す
   ↓
W=0 ? ─Yes→ "0"を表示
   ↓No
WK1 に W の内容を
コピー
   ↓
WK←WK1-1
が0 ? ─Yes→ "1"を表示
   ↓No
WK←WK1-1
が0 ? ─Yes→ "2"を表示
   ↓No
WK←WK1-1
が0 ? ─Yes→ "3"を表示
   ↓No
```

図 3・18 例題 3・3 の流れ図

```
            INCLUDE  P16F84A.INC   ; 標準ヘッダファイルの取込み
;
WK1     EQU     H'0C'           ; 0C番地をWK1(ラベル)にする
;
            ORG     H'00'           ; 00番地に指定
;
SETUP   BSF     STATUS,RP0      ; バンク1に変更
        CLRF    TRISB           ; PORTBの設定（全て出力）
        MOVLW   B'00001111'     ; "0"は出力／"1"は入力
        MOVWF   TRISA           ; PORTAの設定
```

3·5 プログラムで動かそう

```
             BCF     STATUS,RP0      ; バンク 0 に変更
             CLRF    PORTA           ; PORTA をクリア
;————————————————————————
MAIN         MOVF    PORTA,W         ; 入力データのチェック
             ANDLW   B'00001111'     ; 下位 4 ビットを AND マスク
             BTFSC   STATUS,Z        ; 入力データ"0"?
             GOTO    NEXT_0          ; "0"表示へ
             MOVWF   WK1             ; 入力データを WK1 に保存
             DECF    WK1,F           ; WK1 ← WK1 － 1
             BTFSC   STATUS,Z        ; 入力データ"1"?
             GOTO    NEXT_1          ; "1"表示へ
             DECF    WK1,F           ; WK1 ← WK1 － 1
             BTFSC   STATUS,Z        ; 入力データ"2"?
             GOTO    NEXT_2          ; "2"表示へ
             DECF    WK1,F           ; WK1 ← WK1 － 1
             BTFSC   STATUS,Z        ; 入力データ"3"?
             GOTO    NEXT_3          ; "3"表示へ

             GOTO    MAIN            ; "MAIN"へ

NEXT_0       MOVLW   B'10111111'     ; CODE 0
             MOVWF   PORTB           ; "0"表示
             GOTO    MAIN            ; "MAIN"へ

NEXT_1       MOVLW   B'10000110'     ; CODE 1
             MOVWF   PORTB           ; "1"表示
             GOTO    MAIN            ; "MAIN"へ

NEXT_2       MOVLW   B'11011011'     ; CODE 2
             MOVWF   PORTB           ; "2"表示
             GOTO    MAIN            ; "MAIN"へ

NEXT_3       MOVLW   B'11001111'     ; CODE 3
             MOVWF   PORTB           ; "3"表示
             GOTO    MAIN            ; "MAIN"へ

             END                     ; プログラムの終了
```

覚えよう！　PICの命令

[12] **MOVF** 命令（MOVe File register の略）
《 例 》 MOVF PORTA
《 意味 》 PORTA（ファイルレジスタ）の内容をWレジスタにコピー（移す）しなさい。

[13] **ANDLW** 命令（AND Literal with Working register の略）
《 例 》 ANDLW H'0F'
《 意味 》 数値H'0F'とWレジスタの論理積（AND）を計算し，結果をWレジスタに入れなさい。

ANDLW命令は図3・19のように，特定のビットを抽出するときに用いられ，これを **AND マスク** という。この場合は，下位4ビットのみを抽出する。

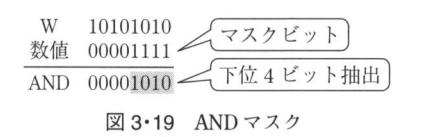

```
    W    10101010    ┌マスクビット┐
  数値   00001111
  ─────────────      ┌下位4ビット抽出┐
  AND   00001010
```

図3・19　ANDマスク

覚えよう！　PICの命令

[14] **DECF** 命令（DECrement File register の略）
《 例 》 DECF WK1,F
《 意味 》 WK1－1を行い，結果をWK1に入れる。第2オペランドがWの場合，Wレジスタに入れる。

[15] **EQU文**（EQUal の略）〔擬似命令〕
《 例 》 WK1 EQU H'0C'
《 意味 》 ファイルレジスタのH'0C'番地にWK1というラベル名をつけなさい。この行以降WK1と書くことでH'0C'番地のファイルレジスタを指定できる。数値で指定するよりもわかりやすいのでよく使われている。

課題

3・11 4つのスイッチをまとめて4ビットの2進数として取り扱い，7セグ1に"0"～"F"の16進数として表示する流れ図とプログラムを作り実行する。

---

(3) サブルーチンとタイマのプログラム

a. サブルーチンとスタックについて

プログラムの中で同じ処理を繰り返し使うことがよくある。この繰り返し使う処理をまとめたものを**サブルーチン**という。

いままでの分岐命令を利用するやり方は図3・20のように，同一の操作を単純に繰り返しているだけであった。この考え方ではサブルーチンにする意味はない。

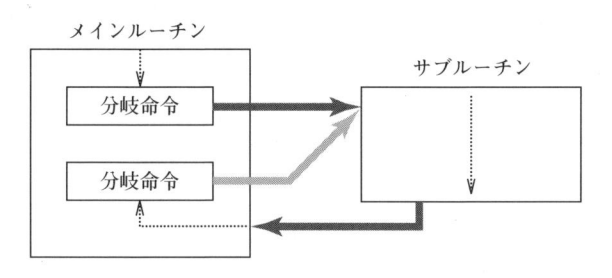

図3・20 分岐命令（意味のないサブルーチン）

そこで図3・21のように，違う場所からも呼び出せて，サブルーチン処理後，元の場所に戻り，次に進むようにすればとても都合がよい。

たとえば，7セグメントLEDに"0"～"F"までを順番に表示することを考える。"0"～"F"までをコンピュータの速度で順番に表示したのでは一瞬で終わってしまい，人間の目には見えない。そこで，数字の表示後，一定の時間をおいて次の数字を表示し，人間に見えるようにする。ここで用いる一定時間を稼ぐプログラムを**タイマルーチン**と呼び，一般的にサブルーチンにして処理する。

なぜサブルーチンから元に戻ることができるのだろう？

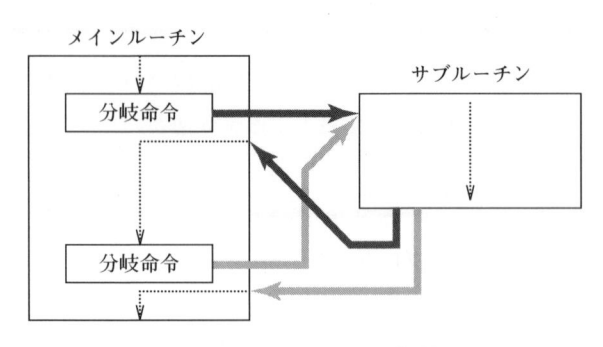

図3・21 サブルーチンの役割

　分岐命令の場合，分岐するアドレスをPC（プログラムカウンタ）に入れ，そのアドレスの命令を実行することで分岐を行う．これに対して，サブルーチンにおける分岐の場合は，
① **コール命令**を使い，分岐命令の処理（PCに分岐するアドレスを入れる）と同時に，現在のアドレス＋1をスタック（棚）という特殊なメモリにしまっておく．
② サブルーチンから戻るときは**リターン命令**を使い，スタックにしまっておいたアドレスをPCに入れる．

　このようにして，もとに戻ることができる．

b．プログラムタイマについて

　現在コンピュータの処理速度はns（ナノセコンド：10^{-9}秒）オーダーであるのに対し，モータなど動力系や人間の動作は速くてもms（ミリセコンド：10^{-3}秒）オーダーである．このためコンピュータ側で信号を出すタイミングを合わせなくてはならない．いわば，時間稼ぎの処理が必要となる．

　たとえば，LEDを0.5秒間隔で点滅させるためには，PIC16F84Aの場合1命令を処理する時間（**命令サイクルタイム**）は400ns（$T=4/f$：クロックfが10MHzのとき）なので，0.5秒間に実行できる命令回数は0.5秒／400ns＝1.25×10^6（12.5万）回になる．同じ命令をこれだけ書くのは不可能であり，PICの計算できる最大数は65535（16ビット）までなので単純な繰り返しではで

きない。そこで，図3·22のように繰り返し回数を多重化して処理をする（**多重ループ**といい，この場合は三重ループになる）。

```
┌─ 0.5S のタイマルーチン ──────────────────────┐
│  ┌─ 約100mS のタイマルーチン ──────────────┐  │
│  │  ┌─ 0.4mS のタイマルーチン ─┐          │  │
│  │  │   400nS × 1000 回        │ × 249 回 │ × 5 回
│  │  └─────────────────────────┘          │  │
│  └──────────────────────────────────────┘  │
└────────────────────────────────────────────┘
```

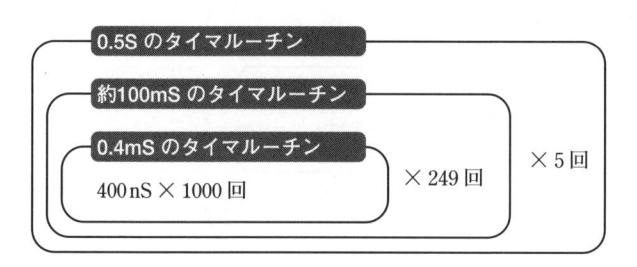

図3·22 タイマの考え方

例題 3·4

7セグ2に"0"を点滅表示するプログラムを作り実行する。

流れ図を図3·23，ソースリストをリスト3·4に示す。

リスト3·4

```
;
;    例題3・4  7セグ2に"0"を点滅表示する      [ex03_04.asm]
;
;    RA0～3       :入力        7セグ2に"0"を点滅表示
;    RA4,RB0～7   :出力
;
             INCLUDE  P16F84A.INC   ; 標準ヘッダファイルの取込み
;
CNT1    EQU      H'0C'         ; 0C 番地を CNT1 にする
CNT2    EQU      H'0D'         ; 0D 番地を CNT2 にする
CNT3    EQU      H'0E'         ; 0E 番地を CNT3 にする
;
             ORG      H'00'         ; 00 番地に指定
;
SETUP   BSF      STATUS,RP0    ; バンク1に変更
        CLRF     TRISB         ; PORTB の設定
        MOVLW    B'00001111'   ; "0"は出力／"1"は入力
        MOVWF    TRISA         ; PORTA の設定
        BCF      STATUS,RP0    ; バンク0に変更
```

図3・23 例題3・4の流れ図

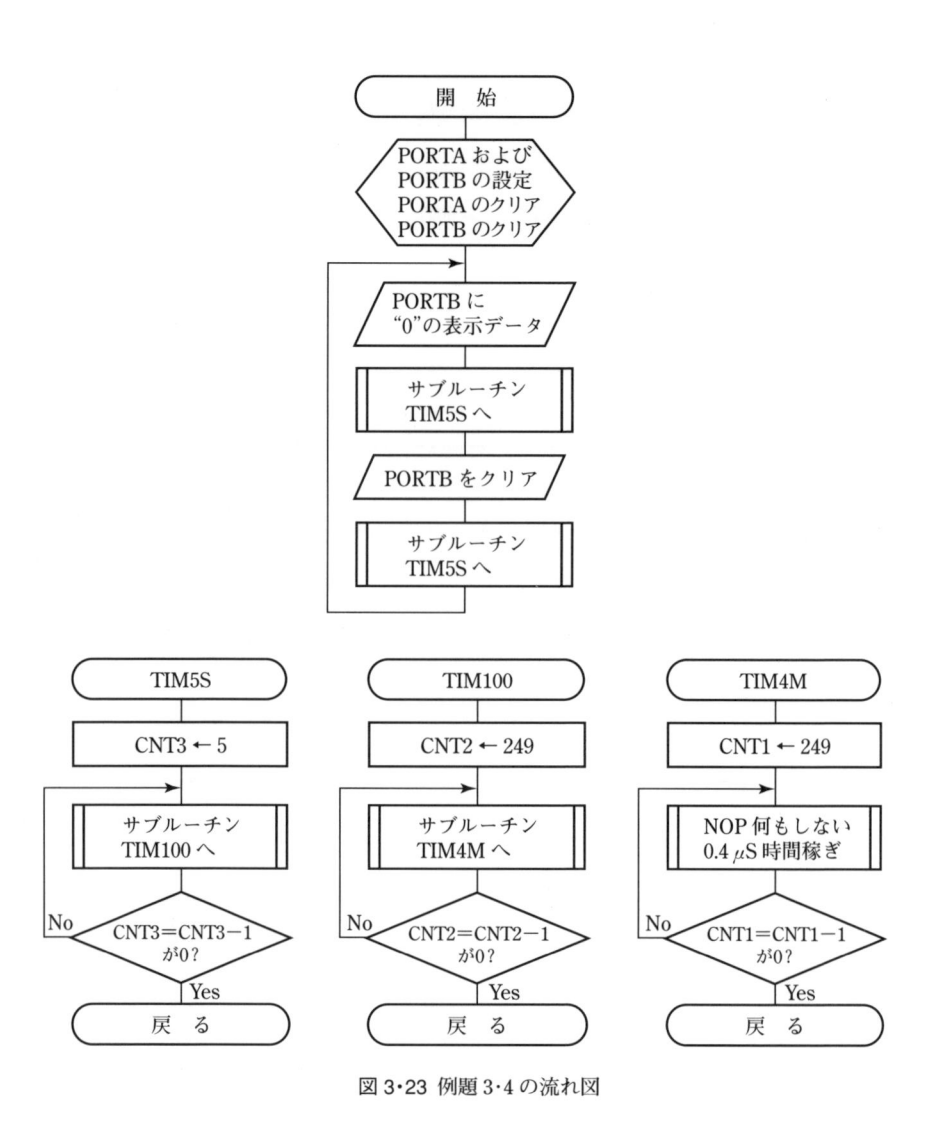

```
            CLRF     PORTA            ; PORTAをクリア
            CLRF     PORTB            ; PORTBをクリア
;  ────────────────────────────────
MAIN        MOVLW    B'10111111'      ; CODE 0

            MOVWF    PORTB            ; "0"表示
            CALL     TIM05S           ; サブルーチンTIM05Sへ
            CLRF     PORTB            ; PORTBをクリア
            CALL     TIM05S           ; サブルーチンTIM05Sへ

            GOTO     MAIN             ; "MAIN"へ
;  ────────────────────────────────
;   タイマサブルーチン
;  ────────────────────────────────
;  0.4mS ────────────────
TIM4M       MOVLW    D'249'           ; ループカウンタ249回
            MOVWF    CNT1             ; 1＋1＝2
TIMLP1      NOP                       ; 何もしない
            DECFSZ   CNT1,F           ; CNT1←CNT1－1 ゼロで次をスキップ
            GOTO     TIMLP1           ; (1＋1＋2)×249－1＝995
            RETURN                    ; 2＋995＋2＝999 999×0.4μS≒0.4mS

;  100mS ────────────────
TIM100      MOVLW    D'249'           ; ループカウント249回
            MOVWF    CNT2             ; 1＋1＝2
TIMLP2      CALL     TIM4M            ; (2＋1＋2)×249－1＝1244
            DECFSZ   CNT2,F           ; 999×249＝248751
            GOTO     TIMLP2           ; 2＋248751＋1244＋2≒250000
            RETURN                    ; 250000×0.4μS＝100mS

;  0.5S ────────────────
TIM05S      MOVLW    D'5'             ; ループカウント5回
            MOVWF    CNT3             ; 1＋1＝2
TIMLP3      CALL     TIM100           ; (2＋1＋2)×5－1＝24
            DECFSZ   CNT3,F           ; 250000×5＝1250000
            GOTO     TIMLP3           ; 2＋24＋1250000＝1250026
            RETURN                    ; 1250026×0.4μS≒0.5S

            END                       ; プログラムの終了
```

覚えよう！ PICの命令

[16] **CALL 命令**（CALL Subroutin の略）
　《 例 》 CALL　　TIM04
　《 意味 》 サブルーチンの TIM04（ラベル名）に分岐（ジャンプ）すると同時に，現在のアドレス＋1をスタックに保存する。

[17] **RETURN 命令**（RETURN from Subroutin の略）
　《 例 》 RETURN
　《 意味 》 サブルーチンから復帰するとともに，スタックにあるアドレスを PC に移動する。

[18] **DECFSZ 命令**（DECrement File register, Skip if Zero の略）
　《 例 》 DECFSZ　　CONT1,F
　《 意味 》 ファイルレジスタ CONT1 ← CONT1 － 1 を計算し，結果をファイルレジスタに入れる。もし，結果が0であれば次の命令をスキップしなさい。

[19] **NOP 命令**（No OPeration の略）
　《 例 》 NOP
　《 意味 》 ノーオペレーション，つまり何もしないで次の命令の実行に移る。タイマの時間を正確にする場合や出力ポートに信号を送るときのディレータイムに使用する。

課題

3・12 7セグ1に"F"を点滅表示する流れ図とプログラムを作り実行する。

3・13 7セグ2に"3"，と"2"を交互に表示する流れ図とプログラムを作り実行する。

3・14 7セグ1に"A"，7セグ2に"5"を交互に表示する流れ図とプログラムを作り実行する。

3・15 7セグ1に"4"，7セグ2に"E"を同時に表示する流れ図とプログラムを作り実行する。

　　［ヒント］　目の残像を利用するために，タイマルーチンの時間を工夫す

る。

3・16 SW0をONにすると，7セグ1に"0"を5回点滅表示する流れ図とプログラムを作り実行する。

　　［ヒント］　①ファイルレジスタに点滅回数を入れる。②点滅回数はDECF命令やDECFSZ命令を工夫する。③ゼロフラグはステータスレジスタにある。図1・6を確認しよう（STATUS，Z）。

3・17 4つのスイッチを4ビットの2進数とし点滅回数にして扱い，7セグ2に"A"を点滅表示する流れ図とプログラムを作り実行する。

　　［ヒント］　プログラムを止めるには，HALT命令がないので無限ループにする。

　　　　　《例》END_1　　GOTO　　END_1

　　　　　あらかじめスイッチをセットしてから電源を入れるか，スイッチをセットした後，リセットスイッチを押す。

---

(4) 効率のよいサブルーチンのプログラム

　これまで学んだ7セグメントLEDに数字を表示するプログラムは，数字表示のデータを作るために，判断や分岐を繰り返すなど複雑であった。この部分は定型のパターンであるから，サブルーチン化していつでも利用できるようにしておいたほうがよい。効率よくサブルーチン化するには，約束事をきちんと決めておくことが大切である。

a．数字パターンを取得するサブルーチンの約束事（図3・24を参照）

① 数値をWレジスタ（下位4ビット）に入れ，サブルーチンを呼び出す。このとき，サブルーチンに渡される値を**引数**という。

② Wレジスタに引数に対応する数字パターンを作成し，サブルーチンから戻る。このとき，サブルーチンから渡される値を**戻り値**という。

③ Wレジスタのみ使用する。

　数字パターンを取得するサブルーチンはリスト3・5のようにスッキリしたもの

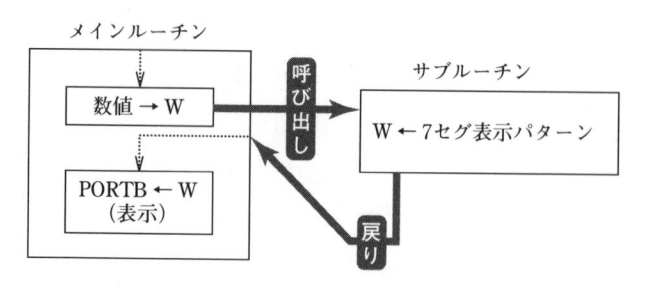

図3・24 サブルーチンの約束事

となる。

リスト3・5

```
;
;   例題3・5  数字パターンを取得するサブルーチン
;
;           →  wレジスタに数値
;           ←  wレジスタに数値コード
;
GET_7SEG    ANDLW   B'00001111'     ; 下位4ビットをANDマスク
            ADDWF   PCL,F           ; PCLに下位アドレス加算
            RETLW   B'00111111'     ; CODE 0をwレジスタに入れてリターン
            RETLW   B'00000110'     ; CODE 1をwレジスタに入れてリターン
            RETLW   B'01011011'     ; CODE 2をwレジスタに入れてリターン
            RETLW   B'01001111'     ; CODE 3をwレジスタに入れてリターン
            RETLW   B'01100110'     ; CODE 4をwレジスタに入れてリターン
            RETLW   B'01101101'     ; CODE 5をwレジスタに入れてリターン
            RETLW   B'01111101'     ; CODE 6をwレジスタに入れてリターン
            RETLW   B'00000111'     ; CODE 7をwレジスタに入れてリターン
            RETLW   B'01111111'     ; CODE 8をwレジスタに入れてリターン
            RETLW   B'01100111'     ; CODE 9をwレジスタに入れてリターン
            RETLW   B'01110111'     ; CODE Aをwレジスタに入れてリターン
            RETLW   B'01111100'     ; CODE Bをwレジスタに入れてリターン
            RETLW   B'00111001'     ; CODE Cをwレジスタに入れてリターン
            RETLW   B'01011110'     ; CODE Dをwレジスタに入れてリターン
            RETLW   B'01111001'     ; CODE Eをwレジスタに入れてリターン
            RETLW   B'01110001'     ; CODE Fをwレジスタに入れてリターン
```

b. ストップウォッチについて

　ここで実現するストップウォッチは，1秒ごとに表示が切り替わり，スタート

3·5 プログラムで動かそう

スイッチ（SW0），ストップスイッチ（SW1），リセットスイッチ（SW2）を備える。

　最初に"00"を表示し，スタートスイッチをONにすると計測が始まる。ストップスイッチをONにすると計測が止まり，そのときの時間が表示されたままになる。リセットスイッチをONにすると最初に戻る。

　以上の動作をプログラムするために，どの部分をサブルーチン化すればよいかを考えてみる。

① 表示用および，秒計測に用いる基準の時間（0.4ms）をプログラムタイマとしてサブルーチンにする。
② 数字を表示するための，7セグパターン取得をサブルーチンにする。
③ 2桁表示用ルーチンをサブルーチンにする。

　③をサブルーチンにしたものをリスト3・6に示す。7セグメント2桁の表示値は，引数WK1として，サブルーチンに引き渡され，はじめに7セグ1にWK1の下位4ビットの数値を0.4ms表示し，次に7セグ2にWK1の上位4ビットの数値を0.4ms表示する。

リスト3・6

```
;
;       例題 3・6  2桁表示用サブルーチン
;
;             → WK1 に 2 桁の数値
;
D_SUB   BCF     PORTA,4     ; 7セグ2消灯
        BCF     PORTB,7     ; 7セグ1消灯
        MOVF    WK1,W       ; W←WK1
        CALL    GET_7SEG    ; 1桁目の数字パターン取得
        MOVWF   PORTB       ; 1桁目データ出力
        BSF     PORTA,4     ; 7セグ2表示
        CALL    TIM4M       ; 0.4mS時間稼ぎ
        BCF     PORTA,4     ; 7セグ2消灯
        SWAPF   WK1,W       ; W←WK1 上下4ビット入れ替え
        CALL    GET_7SEG    ; 2桁目の数字パターン取得
        MOVWF   PORTB       ; 2桁目データ出力
        BSF     PORTB,7     ; 7セグ1表示
        CALL    TIM4M       ; 0.4mS時間稼ぎ
        RETURN              ; サブルーチンから戻る
```

例題 3・5

7セグ1にSW0〜3（4ビットの2進数）に応じた数字（16進数）を表示するプログラムを作り実行する。

流れ図を図3・25，ソースリストをリスト3・7に示す。

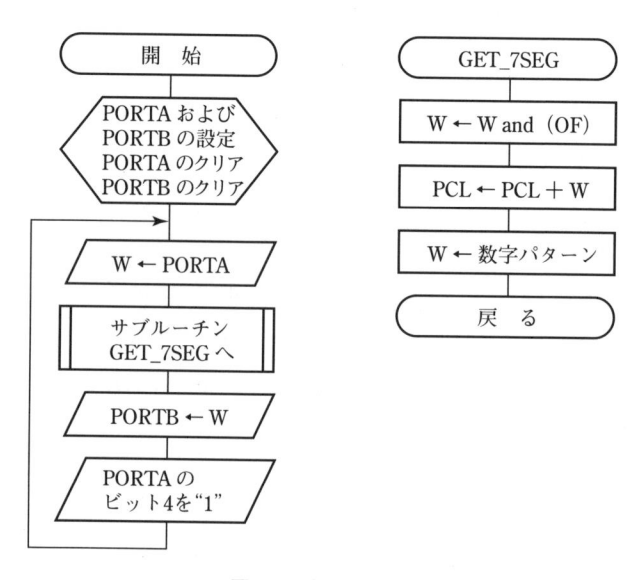

図3・25 例題3・5の流れ図

リスト3・6

```
;
;  例題3・7  7セグ1にSW0〜3（4ビットの2進数）に
;           応じた数字を表示する        [ex03_07.asm]
;
;  RA0〜3      ：入力
;  RA4, RB0〜7 ：出力
;
            INCLUDE   P16F84A.INC   ; 標準ヘッダファイルの取込み

            ORG       H'00'         ; 00番地に指定
```

```
;
SETUP     BSF      STATUS,RP0     ; バンク1
          CLRF     TRISB          ; PORTBの設定（全て出力）
          MOVLW    B'00001111'    ; "0"は出力／"1"は入力
          MOVWF    TRISA          ; PORTAの設定
          BCF      STATUS,RP0     ; バンク0
          CLRF     PORTA          ; PORTAをクリア
          CLRF     PORTB          ; PORTBをクリア
;
MAIN      MOVF     PORTA,W        ; SWデータ取り込み
;
          CALL     GET_7SEG       ; サブルーチンGET_7SEGへ
          MOVWF    PORTB          ; 7セグデータ出力
          BSF      PORTA,4        ; 7セグ1を表示
          GOTO     MAIN           ; "MAIN"へ

;
; 7セグ データ取得のサブルーチン
;        → wレジスタに数値
;        ← wレジスタに数値コード
;
GET_7SEG  ANDLW    B'00001111'    ; 下位4ビットをANDマスク
          ADDWF    PCL,F          ; PCLに下位アドレス加算
          RETLW    B'00111111'    ; CODE 0をwレジスタに入れてリターン
          RETLW    B'00000110'    ; CODE 1をwレジスタに入れてリターン
          RETLW    B'01011011'    ; CODE 2をwレジスタに入れてリターン
          RETLW    B'01001111'    ; CODE 3をwレジスタに入れてリターン
          RETLW    B'01100110'    ; CODE 4をwレジスタに入れてリターン
          RETLW    B'01101101'    ; CODE 5をwレジスタに入れてリターン
          RETLW    B'01111101'    ; CODE 6をwレジスタに入れてリターン
          RETLW    B'00000111'    ; CODE 7をwレジスタに入れてリターン
          RETLW    B'01111111'    ; CODE 8をwレジスタに入れてリターン
          RETLW    B'01100111'    ; CODE 9をwレジスタに入れてリターン
          RETLW    B'01110111'    ; CODE Aをwレジスタに入れてリターン
          RETLW    B'01111100'    ; CODE Bをwレジスタに入れてリターン
          RETLW    B'00111001'    ; CODE Cをwレジスタに入れてリターン
          RETLW    B'01011110'    ; CODE Dをwレジスタに入れてリターン
          RETLW    B'01111001'    ; CODE Eをwレジスタに入れてリターン
          RETLW    B'01110001'    ; CODE Fをwレジスタに入れてリターン

          END                     ; プログラムの終了
```

覚えよう！ **PICの命令**

[20] **ADDWF 命令**（ADD Working register and File register の略）
　《 例 》 ADD　PCL,F
　《 意味 》 WレジスタとPCL（プログラムカウンタの下位8ビット）を加算し，結果をPCLに入れる。第2オペランドが"W"の場合，結果をWレジスタに入れる。

[21] **SUBLW 命令**（SUBtract Working register from Literal の略）
　《 例 》 SUBLW　H'0A'
　《 意味 》 数値H'A'からWレジスタの内容を減算し，結果をWレジスタに入れる。
　　　　　 W ← 数値 − W

[22] **RETLW 命令**（RETurn with Literal in Working register の略）
　《 例 》 RETLW　B'00111111'
　《 意味 》 Wレジスタに数値B'00111111'を入れてサブルーチンから復帰し，スタックにあるアドレスをPCに戻す。

[23] **INCF 命令**（INCrement File register の略）
　《 例 》 INCF　WK1,F
　《 意味 》 WK1＋1の結果をWK1に入れる。第2オペランドがWの場合，Wレジスタに入れる。

[24] **SWAPF 命令**（SWAP nibbles in File register の略）
　《 例 》 SWAPF　WK1,W
　《 意味 》 WK1の上位4ビットと下位4ビットを入れ替えてWレジスタに入れる。第2オペランドがFの場合，WK1に入れる。

課 題

3・18　00〜FFまでカウントし表示する流れ図とプログラムを作り実行する。
　　　　SW0をONするごとにカウントアップする。
　　　　SW1をONするごとにカウントダウンする。
　　　　SW2をONするとリセットする。

3・19 16 進数のストップウォッチの流れ図とプログラムを作り実行する。
　　　 SW0 を ON すると計測を始める。
　　　 SW1 を ON すると停止する。
　　　 SW2 を ON するとリセットする。
3・20 10 進数のストップウォッチの流れ図とプログラムを作り実行する。
　　　［ヒント］16 進数の A は 10 進数では 10 となる。

4 センサボードを作ろう

4·1 センサボードについて

　センサボードは写真4·1のようにIC（74HC04）および可変抵抗，LEDを中心に構成する。このボードに赤外線センサ（反射型フォトインタラプタ）を接続して白色または黒色を判断する。

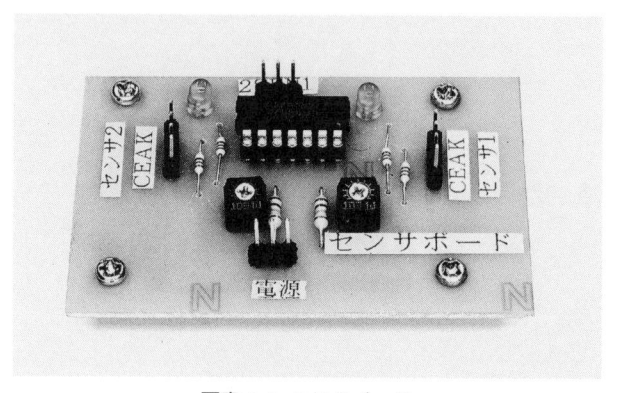

写真4·1　センサボード

　センサボードおよび赤外線センサ全体の回路を図4·1に示す。
　センサボードは，PICメインボードと組み合わせて使用し，ライントレースロボットやパフォーマンスロボットの目の働きをするボードとなる。

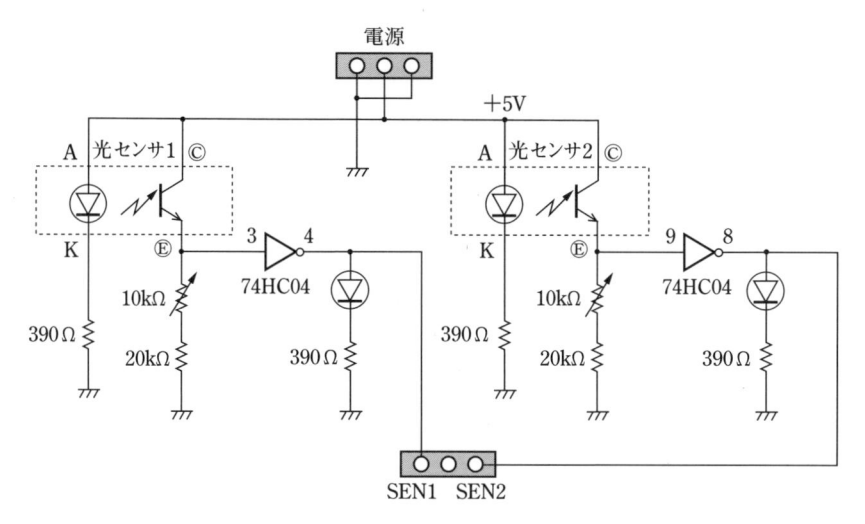

図4・1 センサボード回路図

4・2　赤外線センサについて

　光センサは，検出した光量を電気信号に変えるものでセンサの中では最も種類が多く，広範囲に利用されている。

　床の色（白と黒）を識別するためには，一定の波長の光を発光素子より床面に照射し，床で反射した光を受光素子で受け電気信号に変換する。白は光の反射率が大きく，黒は反射率が小さいという特徴を利用し，白と黒の識別を行う。

　一般に発光素子としてはLED，受光素子としてはフォトトランジスタを用いる。それぞれが指向性の強い素子なので個別に使用すると取り付け位置や角度によって検出特性が大きく変化するため調整が大変となる。

　本書では，発光素子と受光素子が一対としてパッケージに納められている写真4・2のようなフォトインタラプタを使用する。

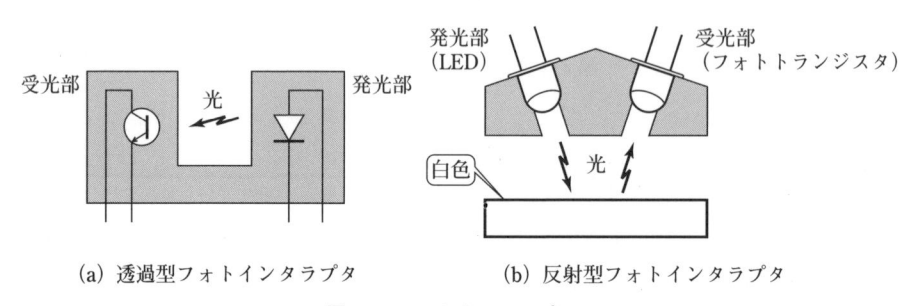

写真4・2 フォトインタラプタ

(1) フォトインタラプタ

フォトインタラプタは，図4・2に示すような**透過型**と**反射型**がある。

(a) 透過型フォトインタラプタ　　(b) 反射型フォトインタラプタ

図4・2 フォトインタラプタ

図(a)の透過型フォトインタラプタは，「光を照射する発光素子の発光面」と「光を受けて電気信号に変換する受光素子の受光面」が対向しており，その間の空間を物体が通過して光をさえぎることにより受光量が変化するもので，回転の検出やリミット検出によく利用される。

一方，図(b)の反射型フォトインタラプタは，発光素子の発光面と受光素子の受光面が同一方向になるように取り付けられており，発光面から照射された光が検出物体（床面）にあたり，そこからの反射光を検出するようになっている。検出距離は2〜10mm程度と短いが床の色を識別するのに適している。

光センサを上手に使うコツは「外乱光（周囲の光）をいかに防ぐか」である。反射型フォトインタラプタは構造上，受光素子が外界に向かって組み込まれて

いるので外乱光の影響を非常に受けやすくなっている。センサ内に，ある波長以下の光を遮断するようなフィルタを設け，外乱光の影響を避けるようになっているが完全ではない。したがって，できる限り外乱光が入らないように工夫する必要がある（たとえば，厚紙などで周りを囲ってみるなど）。

(2) **発光素子はこう使おう**

フォトインタラプタの発光素子には，赤外線LEDが使用されている。発光素子の駆動回路を図4・3に示す。ここで注意することは，必ず制限抵抗Rを挿入することである。もし，制限抵抗なしでLEDに順方向電圧をかけると，LEDもダイオードの一種なので順方向の抵抗が低く，理論上無限大の電流が流れ，LEDを焼損してしまう。

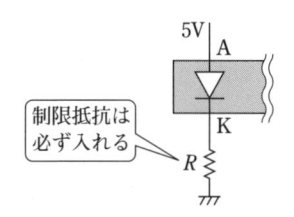

図4・3 発光素子の駆動回路

(3) **受光素子はこう使おう**

フォトトランジスタは，NPNトランジスタのおけるベース電流のかわりに入光量でトランジスタの増幅を制御し，電流I_Lを流す。図4・4のように電流I_Lを抵抗R_Lに流し，抵抗の両端の電圧（降下）$V_O = I_L \times R_L$を出力電圧として取り出す。

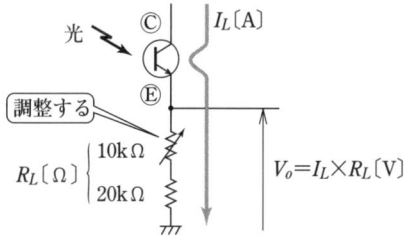

図4・4 受光素子の駆動回路

実際の回路では，周囲の明るさや床面の反射状態などによりフォトトランジスタに入る光の量が変化してしまうので，写真4・3のような半固定抵抗と抵抗を使用し，感度調整を行う。抵抗値を大きくすると出力電圧は高くなる。また，信号のレベル調整をするため図4・5のようにIC（74HC04）を挿入し，コンピュータのポートへ入力する。

写真4・3　半固定抵抗

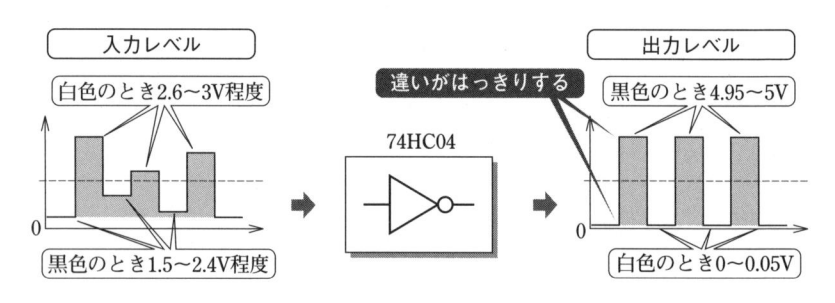

図4・5　74HC04の役目

74HC04（写真4・4）は，DIP型14ピンのICで，図4・6のようにNOT回路が6つ入っている。

写真 4・4　74HC04

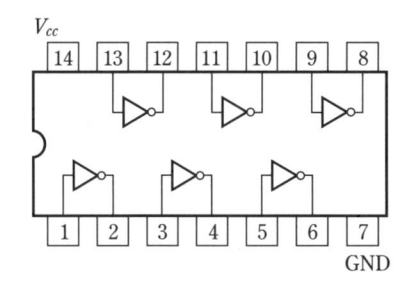

図 4・6　74HC04 の内部回路

4・3　工作と動作チェック

センサボードの部品を表 4・1 に示す。不足しているものはないか確かめよう。

表 4・1　センサボード部品表

記　号	品　名	型・値	数量	標準的な単価（円）
SEN1, SEN2	赤外線センサ	オムロン EE-SF5-B	2	350×2＝700
IC	NOT 回路	74HC04	1	30
LED	発光ダイオード	TLR113	2	20×2＝ 40
R	半固定抵抗	10kΩ	2	75×2＝150
R1, R2	抵抗	20kΩ　1/4W	2	10×2＝ 20
R3〜R6	抵抗	390Ω　1/4W	4	10×4＝ 40
	感光基板	サンハヤト10k	1	320
	ストレートピンヘッダ	ICピッチ40ピン	1	45
	ビス・ナット　他		少々	
合　計				1345

(1) フォトインタラプタを試してみよう

フォトトランジスタが光を電気に変換する素子であることをテスタで確かめてみよう。最初にテスタのレンジを抵抗×1kにする。フォトトランジスタのコレクタ（C）をテスタの"＋"極（黒），エミッタ（E）を"−"極（赤）に触れ，フォトインタラプタを窓（昼間の自然光が入る）のほうに向けて抵抗値を測定する。そのままの状態でフォトインタラプタを手で遮り（自然光を遮断して）抵抗値を測定する。明らかに抵抗値が異なり，フォトトランジスタが光を電気に変換していることがわかる。

(2) フォトインタラプタにリード線をつけよう

フォトインタラプタはセンサボードに直接はんだ付けせず，リード線を使用して接続する。自由度をもたせることで，ライントレースロボットやパフォーマンスロボットに組み込みやすくする。フォトインタラプタは図4・7のように接続する。

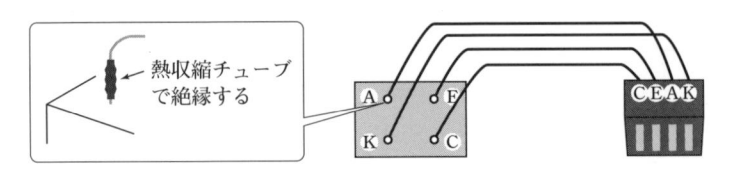

図4・7 フォトインタラプタの接続

フォトインタラプタの端子ははんだ付けした部分でショートしやすいので，長さ約2cmの熱収縮チューブを使い絶縁する。熱収縮チューブははんだ付けする前にケーブルに通しておく。はんだ付けした後に熱収縮チューブをフォトインタラプタの付け根まで差し込みはんだゴテの腹で加熱する。収縮した熱収縮チューブによって，はんだ付けしたところに被覆ができる。

(3) プリント基板を作ろう

配線パターンを図4・8に示す。全体の回路図（図4・1）と見比べてどのように配線されているか確認しよう。プリント基板は，第10章の「プリント基板の作り方」を参考にする。

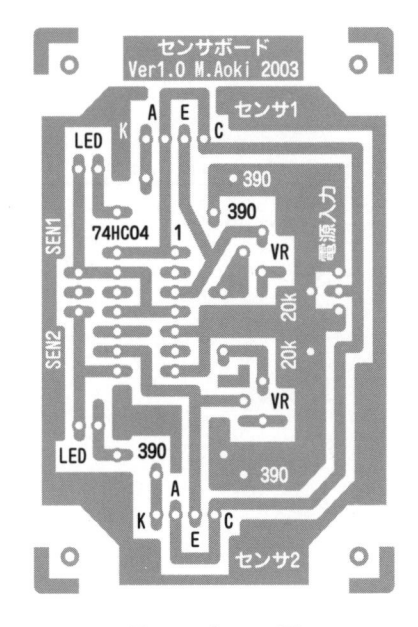

図4·8 パターン図 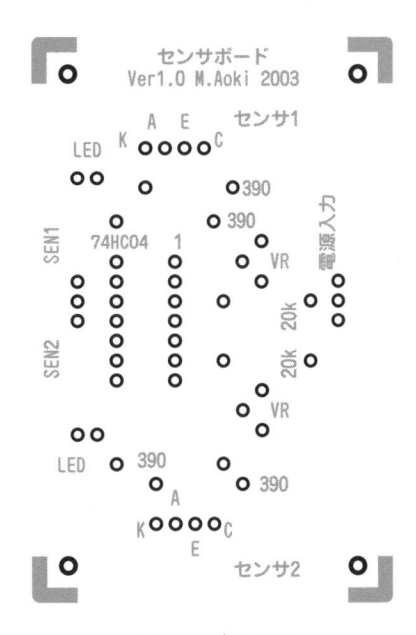　　　　　　　　図4·9 穴あけ図

　センサボード用の配線パターンは，付録にあるものを使用する。

(4) **穴あけをしよう** ──────────

　穴あけは，図4·9の穴あけ図を参考に φ 1.0mm の穴をあける。ただし，四隅のネジ穴は φ 3.2mm にする。穴のあけ忘れがないように工作するときには，図4·9に印をつけながら行うとよい。

(5) **部品を取り付けよう** ──────────

　全体の回路図（図4·1）およびパターン図（図4·8）を見ながら，背の低い部品から順に取り付ける。

(6) **簡単な動作チェックをしよう** ──────────

ａ．**電源のショートチェックをしよう**

　2·6節の「簡単な動作チェックをしよう」と同様に，テスタでチェックピンの V_{DD} と GND 間の抵抗値を測定し記録する（順方向及び逆方向とも 0 Ω 以外であればOK）。

- 順方向の抵抗値　＿＿＿Ω（目安：25kΩ程度）
- 逆方向の抵抗値　＿＿＿Ω（目安：4.5kΩ程度）

b．赤外線センサのチェックをしよう

　赤外線センサの動作をチェックするために，写真4・5のような白い厚紙に黒いビニルテープを貼ったものを用意する。本書ではこの厚紙を**センサチェック紙**と呼ぶ。

写真4・5　センサチェック紙

　図4・10のように電池，PICメインボード，センサボード，フォトインタラプタを接続する。接続用ケーブルの位置に注意する。

　スイッチングレギュレータを使用する場合は，電池およびPICメインボードを使わず，センサボードの電源端子にスイッチングレギュレータを直接接続する。

　PICメインボードまたは，スイッチングレギュレータの電源スイッチを入れ，フォトインタラプタをセンサチェック紙より5～10mm程度上に離し，白部と黒部間を移動させる。このとき，センサボード上のLEDは白部で消灯（出力信号は"L"）し，黒部で点灯（出力信号は"H"）する。このように動作しないときには，センサボード上にある半固定抵抗を使い調整する。

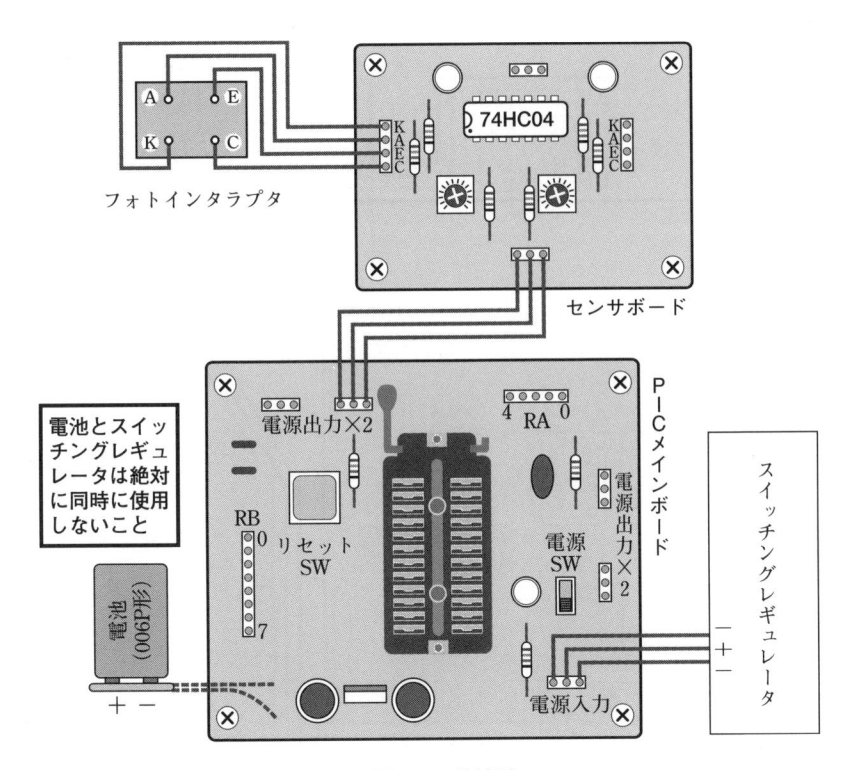

図 4・10 接続図

4・4 プログラムで動かそう

　プログラミングの前に実機のポートについて確認しておく．実機は，PICメインボード，入出力ボード，センサボードを図4・11のように接続し，構成する．
　ポートの割り当てを表4・2に示す．

表 4・2 ポートの割り当て

PIC	RA4	RA3	RA2	RA1	RA0	RB7	RB6	RB5	RB4	RB3	RB2	RB1	RB0
入出力	IA4	—	SEN2	—	SEN1	OB7	OB6	OB5	OB4	OB3	OB2	OB1	OB0
対象	7セグ1	—	センサ2	—	センサ1	7セグ2	g	f	e	d	c	b	a

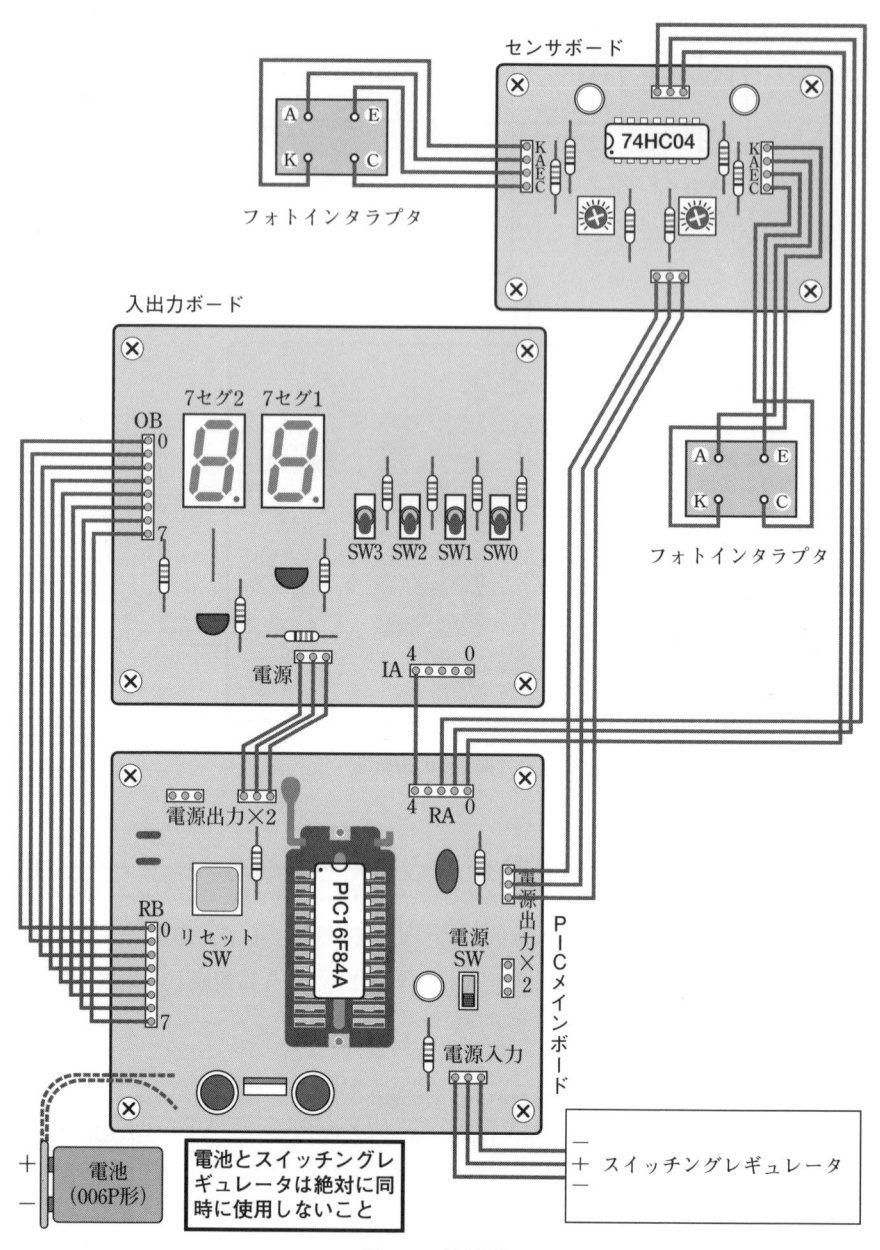

図 4・11 接続図

(1) 赤外線センサ動作確認のプログラム

例題 4・1

赤外線センサ1と7セグ1，赤外線センサ2と7セグ2をそれぞれ対応させ，黒色を検出すると"H"を表示し，白色を検出すると"L"を表示する流れ図とプログラムを作り実行する。

赤外線センサ回路はスイッチ回路と同様にコンピュータへの入力手段の一つである。"1"と"0"のみの信号を扱うので，プログラムを作る上ではスイッチの場合と何ら変わりはしない。すなわち，赤外線センサをスイッチ，黒／白をH／Lと読み替えれば，第3章で製作した「入出力ボード」のスイッチプログラムもそのまま実行できる。

例題4・1の流れ図を図4・12に，プログラム例をリスト4・1に示す。

リスト4・1

```
;
;       例題4・1 赤外線センサ1と7セグ1，赤外線センサ2と7セグ2を
;              それぞれ対応させ，黒色を検出すると"H"を表示し，
;              白色を検出すると"L"を表示する       [ex04_01.asm]
;
;       RA0～3      :入力          RA0に赤外線センサ1
;       RA4,RB0～7  :出力          RA2に赤外線センサ2
;              7セグ1に赤外線センサ1の結果を表示（黒でH，白でL）
;              7セグ2に赤外線センサ2の結果を表示（黒でH，白でL）
;

        INCLUDE P16F84A.INC      ; 標準ヘッダファイルの取込み
;
CNT1    EQU     H'0C'            ; 0C番地をCNT1にする
;
        ORG     H'00'            ; 00番地に指定
;
SETUP   BSF     STATUS,RP0       ; バンク1に変更
        CLRF    TRISB            ; PORTBの設定（全て出力）
        MOVLW   B'00001111'      ; "0"は出力／"1"は入力
        MOVWF   TRISA            ; PORTAの設定
        BCF     STATUS,RP0       ; バンク0に変更
```

第4章 センサボードを作ろう

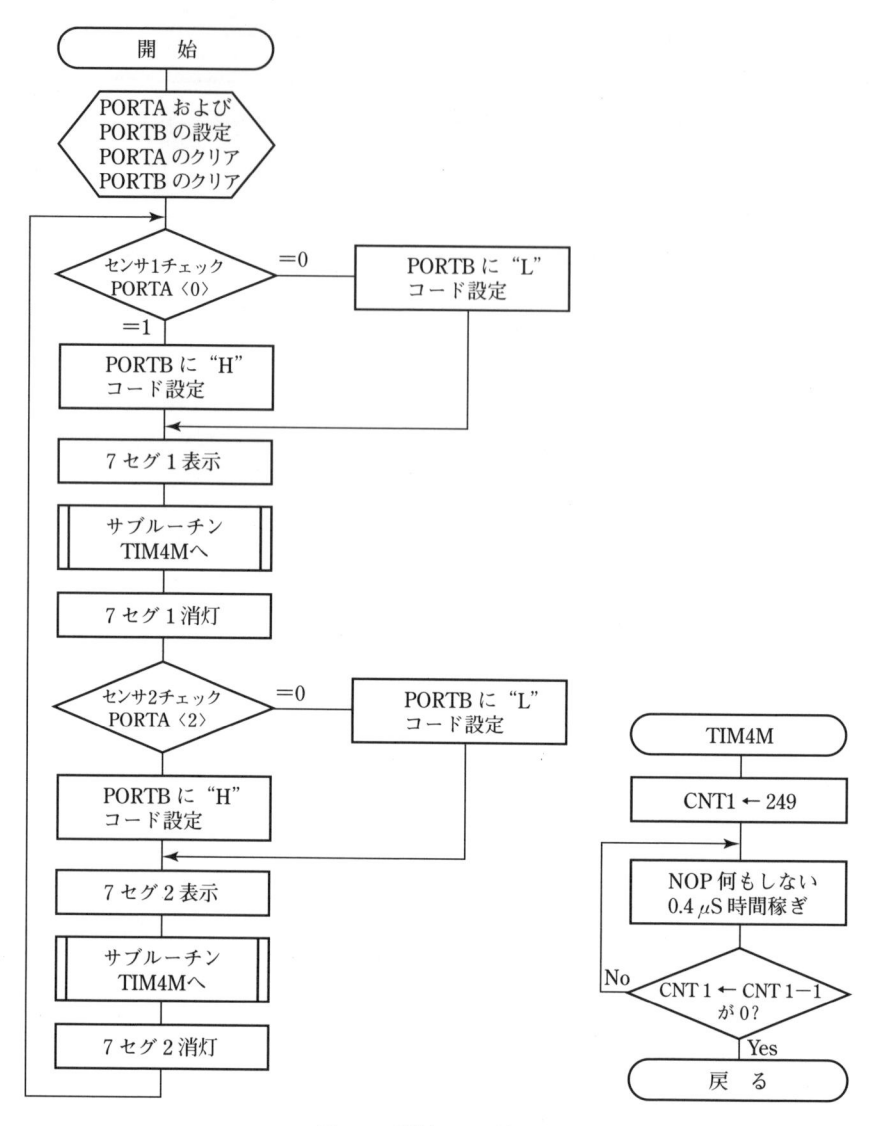

```
                開 始
                  │
        ┌─────────────────┐
        │ PORTA および    │
        │ PORTB の設定    │
        │ PORTA のクリア  │
        │ PORTB のクリア  │
        └─────────────────┘
                  │
                  ▼
         ◇ センサ1チェック ◇ =0 → [PORTB に "L" コード設定]
           PORTA〈0〉                      │
                  │ =1                    │
                  ▼                       │
         [PORTB に "H" コード設定] ←──────┘
                  │
                  ▼
            [7セグ1表示]
                  │
                  ▼
           [サブルーチン TIM4Mへ]
                  │
                  ▼
            [7セグ1消灯]
                  │
                  ▼
         ◇ センサ2チェック ◇ =0 → [PORTB に "L" コード設定]
           PORTA〈2〉                      │
                  │                       │
                  ▼                       │
         [PORTB に "H" コード設定] ←──────┘
                  │
                  ▼
            [7セグ2表示]
                  │
                  ▼
           [サブルーチン TIM4Mへ]
                  │
                  ▼
            [7セグ2消灯]
```

サブルーチン TIM4M:
```
           TIM4M
             │
             ▼
      [CNT1 ← 249]
             │
             ▼
      [NOP 何もしない
       0.4μS 時間稼ぎ]
             │
             ▼
      ◇ CNT1 ← CNT1−1
        が 0?  ◇ ── No ──┐
             │ Yes        │
             ▼            │
           戻 る ←────────┘
```

図4・12 例題4・1の流れ図

```
            CLRF      PORTA            ; PORTAをクリア
            CLRF      PORTB            ; PORTBをクリア
;
MAIN        BTFSS     PORTA,0          ; センサ1をチェック
            GOTO      SEN1_0           ; 白の表示へ
            MOVLW     B'01110110'      ; "H"のCODE
            MOVWF     PORTB            ; 表示データ出力
            GOTO      SEN1_N           ; 7セグ1の表示へ
SEN1_0      MOVLW     B'00111000'      ; "L"のCODE
            MOVWF     PORTB            ; 表示データ出力
SEN1_N      BSF       PORTA,4          ; 7セグ1表示

            CALL      TIM4M            ; タイマへ
            BCF       PORTA,4          ; 7セグ1消灯

            BTFSS     PORTA,2          ; センサ2をチェック
            GOTO      SEN2_0           ; 白の表示へ
            MOVLW     B'01110110'      ; CODE"H"
            MOVWF     PORTB            ; 表示データ出力
            GOTO      SEN2_N           ; 7セグ2表示へ
SEN2_0      MOVLW     B'00111000'      ; CODE"L"
            MOVWF     PORTB            ; 表示データ出力
SEN2_N      BSF       PORTB,7          ; 7セグ2表示

            CALL      TIM4M            ; タイマへ
            BCF       PORTB,7          ; 7セグ2消灯

            GOTO      MAIN             ; "MAIN"へ
;
;   タイマサブルーチン
;
; 0.4mS
TIM4M       MOVLW     D'249'           ; ループカウント249回
            MOVWF     CNT1             ; 1+1=2
TIMLP1      NOP                        ; 何もしない
            DECFSZ    CNT1,F           ; CNT1←CNT1-1 ゼロで次をスキップ
            GOTO      TIMLP1           ; (1+1+2)×249-1=995
            RETURN                     ; 2+995+2=999 999×0.4μS≒0.4mS

            END                        ; プログラムの終了
```

プログラムを実行するときには，まず，赤外線センサのかわりに第3章で製作した「入出力ボード」上のスイッチを使い動作確認を行う。次に，入力を赤外線センサにしてプログラムを実行し，動作を確認する。「工作と動作チェック」の項で行ったように，赤外線センサをセンサチェック紙の5～10mm上で白→黒→白のように移動さる。

5 駆動ボードを作ろう

5・1 駆動ボードについて

　駆動ボードは写真5・1のようにFETを中心に構成する。このボードは，DCモータやステッピングモータ，リレーなどを動かすことができるように工夫してある。

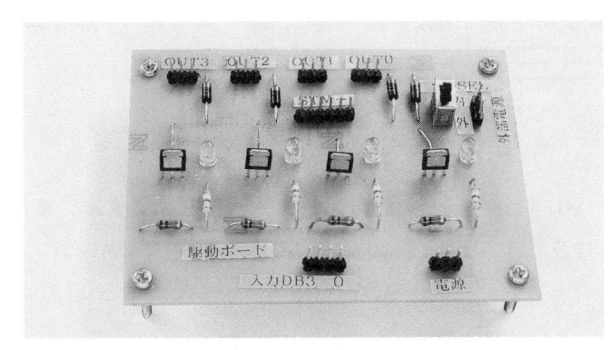

写真5・1　駆動ボード

　駆動ボード全体の回路を図5・1に示す。

　駆動ボードは，PICメインボードと組み合わせて使用する。DCモータやリレーを同時に4つ制御することができるため，このボード1個でライントレースロボットやパフォーマンスロボットの駆動ができる。また，ステッピングモータを1個制御できる。

　駆動用の電源は，スイッチ（V−Sel）を切り替えることで回路用電源（+5V V_{DD}）と外部電源（O−V_{CC}）の2種類が利用できる。

　モータを回転させるには数百mA以上の電流を流す必要があるが，PICの入出力ピンからは最大25mAの電流しか取り出すことができない。そこで，図5・2に示すFETを使った駆動回路を使い，PICの出力ポートの信号（"H"／"L"）を

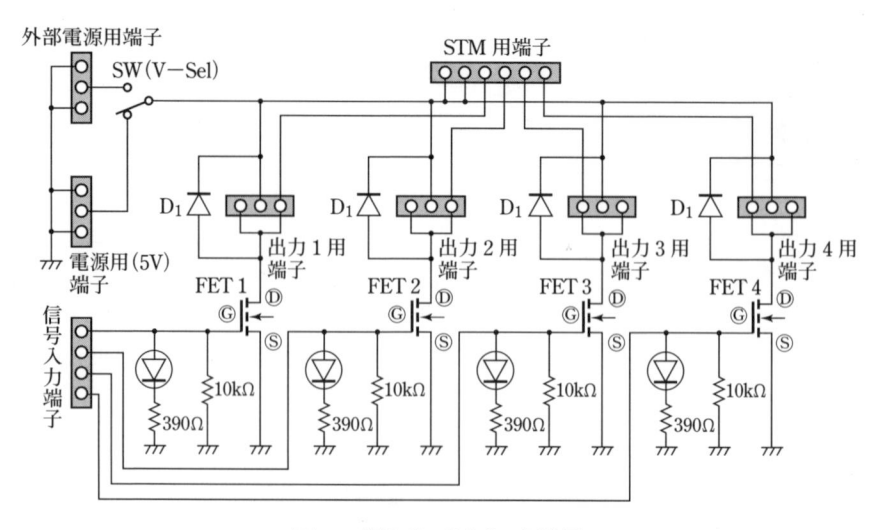

図 5・1 駆動ボード全体の回路図

FETのゲート（G）に送り，その信号によりモータを制御する。また，ゲート信号を光により確認できるようにLEDを付加し，ゲート信号が"H"のとき，LEDは点灯し，モータは回転（FETがON）する。ゲート信号が"L"になるとLEDは消灯し，モータは停止（FETがOFF）する。

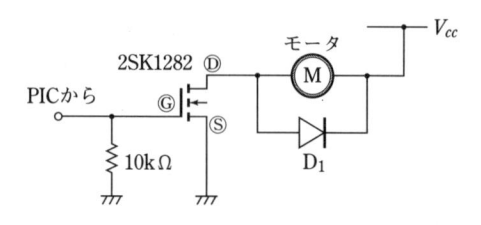

図 5・2 FET 駆動回路

モータの両端にあるダイオードを**フライホイールダイオード**という。もし，このダイオードを付けないと，FETがONからOFFに切り替わった瞬間（モータを止めるとき），モータの両端に逆起電力（使用電圧の数十倍の電圧）を生じ，過電圧が加わりFETを破壊する恐れがある。このためモータの両端にダイオー

ドを付け逆起電力を逃がすようにしている。

　FETは写真5・2および，図5・3のようにソース(S)，ドレイン(D)，ゲート(G)の3本の足をもつ。図記号に示す矢印の向きにより，nチャネル形かpチャネル形かの区別ができる。

写真5・2　FET

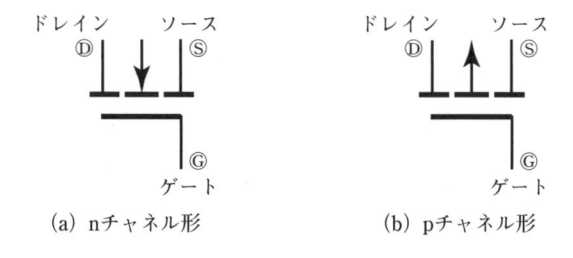

(a) nチャネル形　　　(b) pチャネル形

図5・3　FETの種類

　デジタル回路でFETを使うときは，図5・4のような電子スイッチとして利用する。nチャネル形のFETの場合，ゲート(G)に"H"の信号が入ると，スイッチを入れたときと同じように，ドレイン(D)とソース(S)間の抵抗値が下がり(ショート状態)，FETがON状態になる。また，ゲート(G)に"L"の信号が入ると，ドレイン(D)とソース(S)間の抵抗値が上がり(オープン状態)，FETはOFF状態になる。これをFETの**スイッチング作用**という。

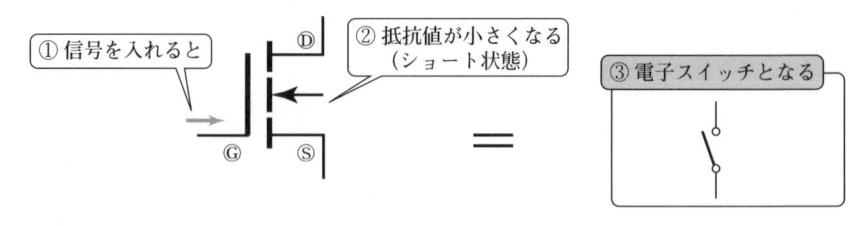

図5・4 FETの働き

5・2 工作と動作チェック

駆動ボードに使用する部品を表5・1に示す。不足しているものはないか確かめよう。

表5・1 駆動ボード部品表

記 号	品 名	型・値	数量	標準的な単価（円）
M	モータ	マブチRE－260	1	160
C	セラミックコンデンサ	0.1μF	1	10
FET1，2，3，4	FET	NEC2SK1282	4	90×4＝360
D1，2，3，4	ダイオード	10D1	4	15×4＝ 60
V-Sel	スライドスイッチ	フジソクAS1D	1	205
LED	発光ダイオード	TLR113	4	20×4＝ 80
R1，2，3，4	抵抗	10kΩ　1/4W	4	10×4＝ 40
R5，6，7，8	抵抗	390Ω　1/4W	4	10×4＝ 40
	感光基板	サンハヤト10k	1	320
	ストレートピンヘッダ	ICピッチ40ピン	1	45
	ネジ他		少々	
合　計				1320

(1) DCモータにリード線をつけよう

DCモータにノイズ防止用のコンデンサ（写真5・3）とリード線をはんだ付けする。

リード線の長さは20cm程度にし，モータと反対側は3ピンコネクタを取り付ける。3ピンコネクタは図5・5のように中央と片側の一ヶ所を使用する。

写真5・3 ノイズ防止用のコンデンサ

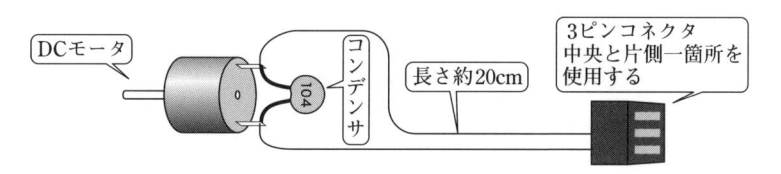

図5・5 モータとコネクタの接続

(2) プリント基板を作ろう

プリント基板は，第10章の「プリント基板の作り方」を参考にする。配線パターンを図5・6に示す。全体の回路図（図5・1）と見比べてどのように配線され

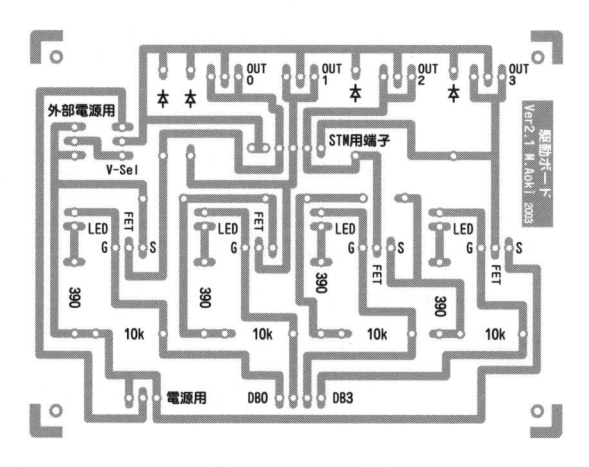

図5・6 パターン図

ているか確認しよう。駆動ボード用の配線パターンは，付録にあるものを使用する。

(3) 穴あけをしよう ─────────

図5·7の穴あけ図を参考に ϕ 1.0mm の穴をあける。ただし，四隅のネジ穴は ϕ 3.2mm にする。

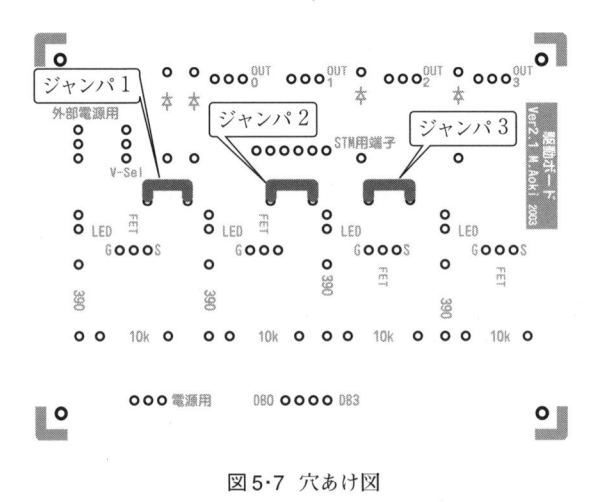

図5·7 穴あけ図

穴のあけ忘れがないように工作するときには，図5·7に印をつけながら行うとよい。

(4) 部品を取り付けよう ─────────

全体の回路図（図5·1）および，パターン図（図5·6）を見ながら背の低い部品から順に取り付ける。

(5) 動作チェックをしよう ─────────

a．電源のショートチェックをしよう

2·6節の「簡単な動作チェックをしよう」と同様に，テスタでチェックピンの V_{DD} と GND 間の抵抗値を測定し記録する（順方向及び逆方向とも 0Ω 以外であればOK）。

・順方向の抵抗値 _____ Ω

・逆方向の抵抗値 _____ Ω

（目安はV − Selを回路用にしたときの逆方向8kΩ程度，それ以外は，∞Ω）

b．モータを回してみよう

図5・8のように電池，PICメインボード，駆動ボード，モータを接続する。接続用ケーブルの位置に注意する。

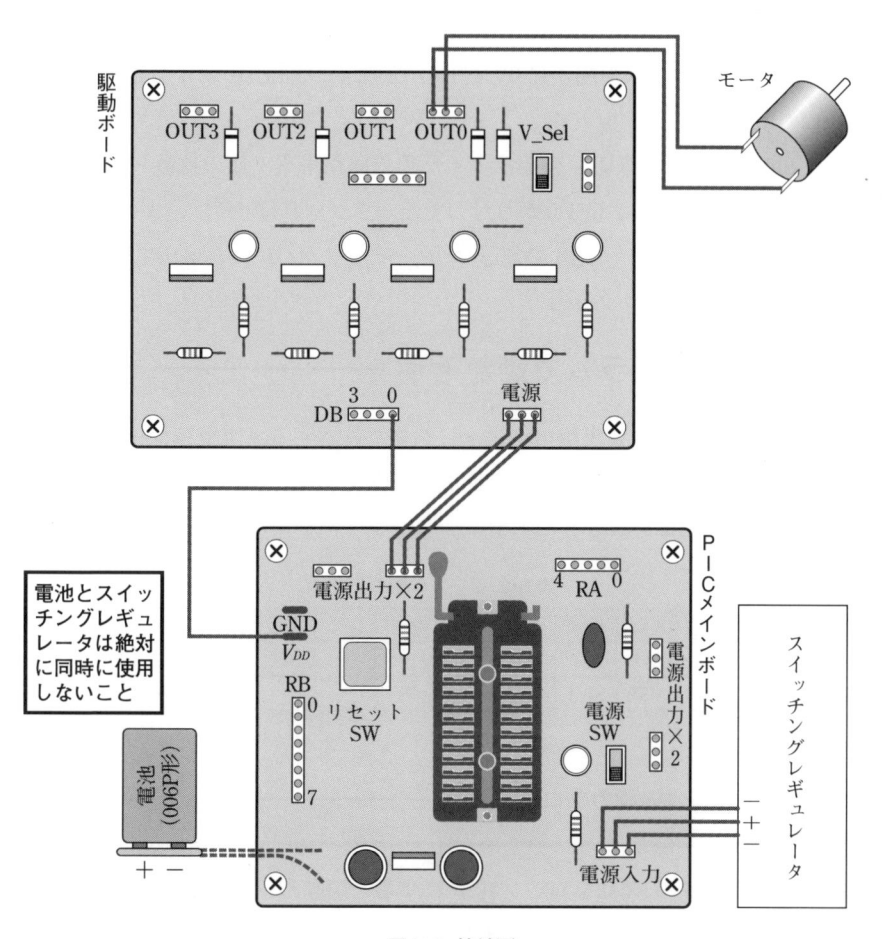

図5・8 接続図

スイッチングレギュレータを使用する場合は，電池およびPICメインボードを使わずに，駆動ボードの電源端子にスイッチングレギュレータを直接接続する。

駆動ボードの駆動電源切り替えスイッチ（V－Sel）を外部用（下側の位置）にして，PICメインボードまたは，スイッチングレギュレータの電源スイッチを入れる。

入力端子（DB0）に5V（"H"）を加える。リード線でチェックピンのV_{DD}と入力端子（DB0）をジャンパする。このとき，LED0が点灯すればOK。

同様に，DB1～DB3の端子に5V（"H"）を加える。LED1～3がそれぞれ点灯すればOK。

V－Sel（駆動用電源切り替え）スイッチを回路用（上側の位置）にし，DB0に5V（"H"）を加える。LED0が点灯してモータが回ればOK。

同様にして，DB1～DB3の端子より，モータ（OUT1～OUT3）および，LED1～LED3のチェックを行う。

5・3　プログラムで動かそう

プログラミングの前に実機のポートについて確認する。実機は，PICメインボード，入出力ボード，駆動ボードを使用して構成する（図5・9）。

ポートの割り当てを表5・2に示す。

表5・2　ポートの割り当て

PIC	RA4	RA3	RA2	RA1	RA0	RB7	RB6	RB5	RB4	RB3	RB2	RB1	RB0
入出力	IA4	IA3	IA2	IA1	IA0	—	—	—	—	DB3	DB2	DB1	DB0
対象	7セグ1	SW3	SW2	SW1	SW0	—	—	—	—	—	—	—	モータ

(1) DCモータ動作確認のプログラム

例題5・1

入出力ボードのSW0をON（"H"）にすると駆動ボードのDB0に接続したDCモータが回転する。この流れ図とプログラムを作り実行する。

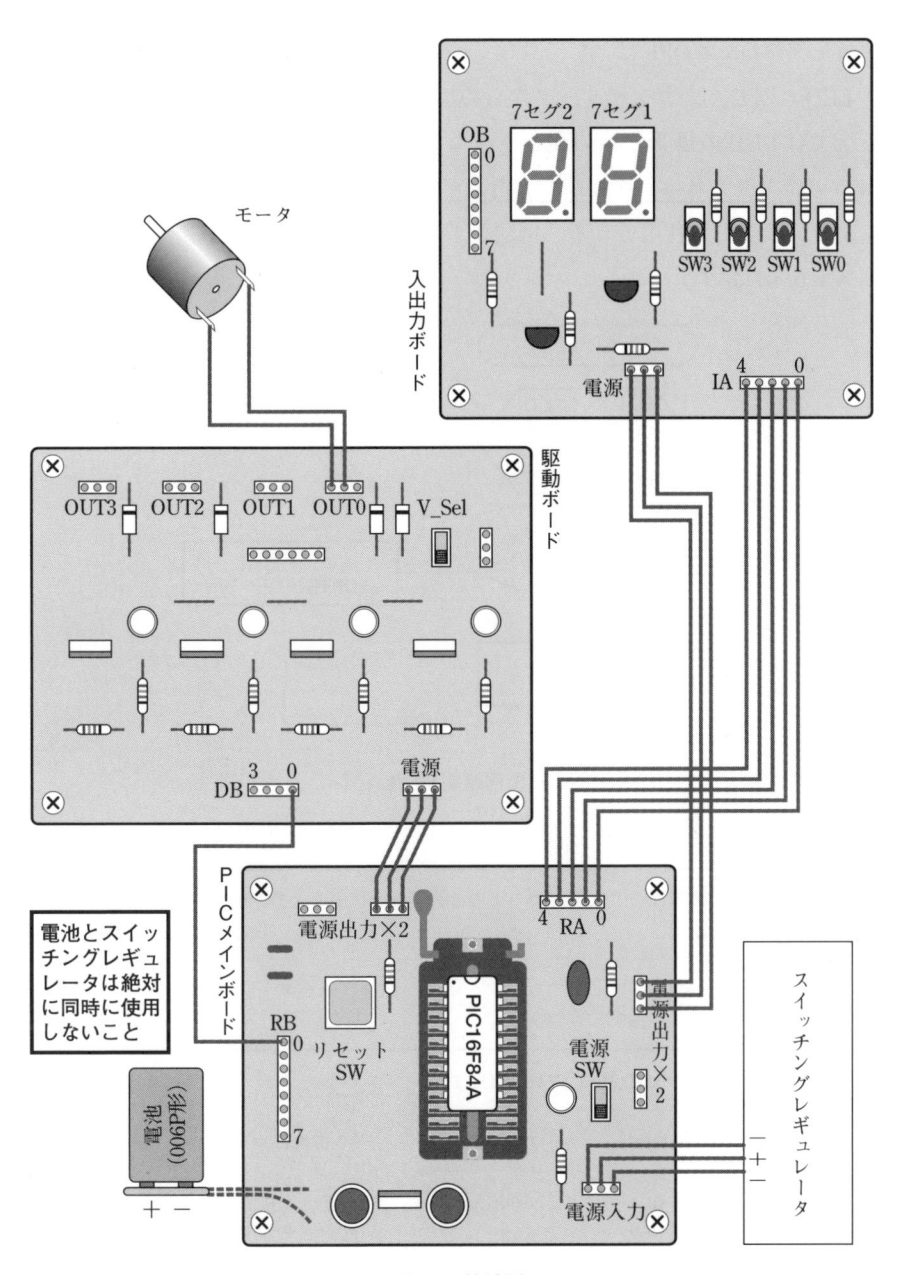

図 5·9 接続図

モータの ON ／ OFF は "1" と "0" のみの信号で制御できるので，7 セグメント LED と同じく，コンピュータからの出力手段の一つである。プログラムを作る上では LED の場合と何の変わりはない。すなわち，モータを 7 セグメント LED に読み替えれば，第 3 章「入出力ボード」の 7 セグメント LED のプログラムが一部の変更で利用できる。例題 5・1 の流れ図を図 5・10 に，プログラム例をリスト 5・1 に示す。

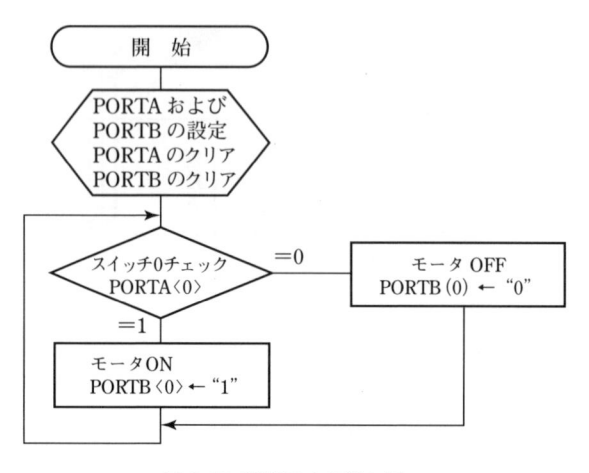

図 5・10 例題 5・1 の流れ図

リスト 5・1

```
;
;    例題 5・1   入出力ボードの SW0 を ON にすると DC モータが回る。
;                                          [ex05_01.asm]
;
;    RA0 ～ 3      ：入力        RB0 にモータ
;    RA4, RB0 ～ 7 ：出力
;
       INCLUDE  P16F84A.INC      ; 標準ヘッダファイルの取込み
;
       ORG      H'00'            ; 00 番地に指定
;
SETUP  BSF      STATUS,RP0       ; バンク 1 に変更
       CLRF     TRISB            ; PORTB の設定（全て出力）
       MOVLW    B'00001111'      ; "0"は出力／"1"は入力
```

```
            MOVWF   TRISA           ; PORTAの設定
            BCF     STATUS,RP0      ; バンク0に変更
            CLRF    PORTA           ; PORTAをクリア
            CLRF    PORTB           ; PORTBをクリア
;————————————————
    MAIN    BTFSS   PORTA,0         ; SW0をチェック
            GOTO    NEXT            ; 次へ
            BSF     PORTB,0         ; モータON
            GOTO    MAIN            ; "MAIN"へ
    NEXT    CLRF    PORTB           ; モータOFF
            GOTO    MAIN            ; "MAIN"へ

            END                     ; プログラムの終了
```

プログラムを実行するときには，まず，駆動ボードにDCモータを接続せず，LEDのみにより動作チェックを行う。次に，DCモータを接続して行う。

6 駆動ボードでいろいろな制御をしよう

6・1 DCモータの速度制御をしよう

　DCモータは，加える電圧を高くすれば高速回転になり，電圧を低くすれば低速回転になる。しかし，コンピュータで電圧を制御するのは難しいので，DCモータの回転速度制御は，一般には **PWM（パルス幅変調）制御** という方法を用いる。

　PWM制御では，図6・1（a）のようなパルスをDCモータに加えモータを駆動する。加えたパルスの実効値（図6・1における　　　の面積）に応じてDCモータの速度が決まる。図(b)のように全電圧（100%）を加えれば速度は最高となる。図(b)のようなデューティ比（Hの割合）が1/4（25%）のパルスを加えた場合，面積は1/4となり，DCモータに実質1/4の電圧を加えたことになるのでモータの速度も1/4になる。このように，コンピュータでデューティ比を調整したパルスをモータに送り，回転速度の制御を行う。

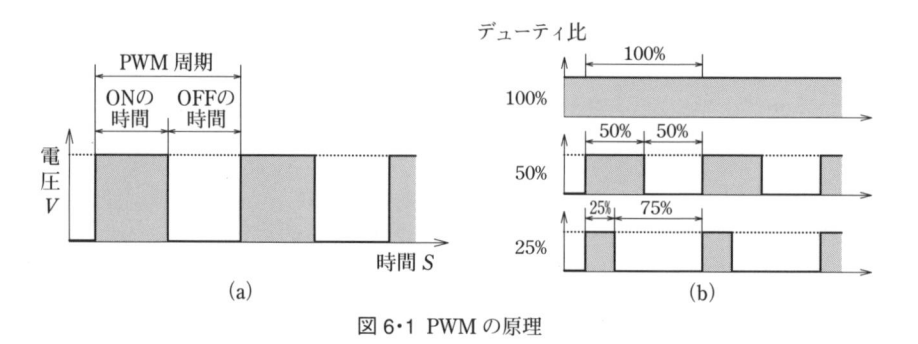

図6・1　PWMの原理

　プログラミングの前に実機のポートについて確認する。実機は，PICメインボード，入出力ボード，駆動ボードを使用し，第5章「プログラムで動かそう」の

回路と同じ接続とする（図5・9）。ポートの割り当ては表5・2と同じである。

例題 6・1

DCモータの速度制御を行う流れ図とプログラムを作り実行する。ただし，表6・1に示すように，入出力ボードのSW0～3により100％～25％までの4段階の速度制御をする。

表6・1 スイッチとモータの回転速度

	SW3	SW2	SW1	SW0
停止	OFF	OFF	OFF	OFF
100%	OFF	OFF	OFF	ON
75%	OFF	OFF	ON	OFF
50%	OFF	ON	OFF	OFF
25%	ON	OFF	OFF	OFF

パルスをプログラムで作るには，図6・2の流れ図に示すように，パルスの"H"の時間と"L"の時間に応じて，プログラムタイマの時間設定を随時変更する。リスト6・1にプログラム例を示す。

リスト 6・1

```
;
;       例題6・1  DCモータの速度制御をする      [ex06_01.asm]
;
;       RA0～3        :入力       RB0にモータ
;       RA4, RB0～7   :出力       100％～25％まで4段階の速度制御
;
            INCLUDE   P16F84A.INC    ; 標準ヘッダファイルの取込み
;
CNT1        EQU       H'0C'          ; 0C番地をCNT1にする
;
            ORG       H'00'          ; 00番地に指定
;
SETUP       BSF       STATUS,RP0     ; バンク1に変更
            CLRF      TRISB          ; PORTBの設定（全て出力）
            MOVLW     B'00001111'    ; "0"は出力／"1"は入力
            MOVWF     TRISA          ; PORTAの設定
            BCF       STATUS,RP0     ; バンク0に変更
            CLRF      PORTA          ; PORTAをクリア
```

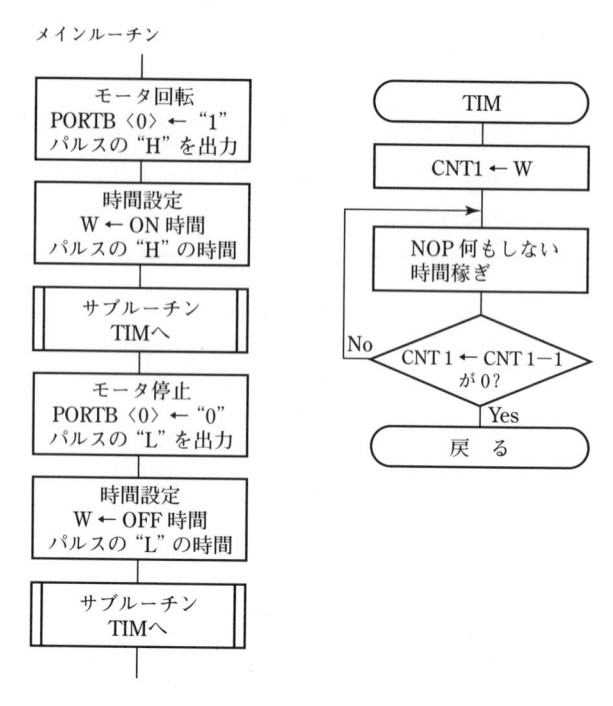

100　第6章　駆動ボードでいろいろな制御をしよう

メインルーチン

- モータ回転
  PORTB⟨0⟩ ← "1"
  パルスの "H" を出力
- 時間設定
  W ← ON 時間
  パルスの "H" の時間
- サブルーチン
  TIMへ
- モータ停止
  PORTB⟨0⟩ ← "0"
  パルスの "L" を出力
- 時間設定
  W ← OFF 時間
  パルスの "L" の時間
- サブルーチン
  TIMへ

TIM
- CNT1 ← W
- NOP 何もしない 時間稼ぎ
- CNT1 ← CNT1−1 が 0？ → No に戻る / Yes
- 戻る

図6・2　パルスを作る流れ図

```
            CLRF    PORTB           ; PORTB をクリア
;
MAIN        BTFSC   PORTA,0         ; SW0 チェック
            GOTO    D100            ; 100 %へ
            BTFSC   PORTA,1         ; SW1 チェック
            GOTO    D75             ; 75 %
            BTFSC   PORTA,2         ; SW2 チェック
            GOTO    D50             ; 50 %へ
            BTFSC   PORTA,3         ; SW3 チェック
            GOTO    D25             ; 25 %へ

            CLRF    PORTB           ; PORTB をクリア
            GOTO    MAIN            ; "MAIN"へ

; 100 %
D100        BSF     PORTB,0         ; モータ ON  100 %
```

```
                GOTO    MAIN            ; "MAIN"へ
;  75 % ─────────────────────────
D75             BSF     PORTB,0         ; モータ ON
                MOVLW   75              ; 75 %
                CALL    TIM             ; タイマサブルーチンへ
                BCF     PORTB,0         ; モータ OFF
                MOVLW   24              ; 約 25 %
                CALL    TIM             ; タイマサブルーチンへ
                GOTO    MAIN            ; "MAIN"へ
;  50 % ─────────────────────────
D50             BSF     PORTB,0         ; モータ ON
                MOVLW   50              ; 50 %
                CALL    TIM             ; タイマサブルーチンへ
                BCF     PORTB,0         ; モータ OFF
                MOVLW   49              ; 約 50 %
                CALL    TIM             ; タイマサブルーチンへ
                GOTO    MAIN            ; "MAIN"へ
;  25 % ─────────────────────────
D25             BSF     PORTB,0         ; モータ ON
                MOVLW   25              ; 25 %
                CALL    TIM             ; タイマサブルーチンへ
                BCF     PORTB,0         ; モータ OFF
                MOVLW   70              ; 約 75 %
                CALL    TIM             ; タイマサブルーチンへ
                GOTO    MAIN            ; "MAIN"へ

; ─────────────────────────────────
;   タイマサブルーチン
; ─────────────────────────────────
TIM             MOVWF   CNT1            ; ループカウント
TIMLP1          NOP                     ; 何もしない
                DECFSZ  CNT1,F          ; CNT1←CNT1－1 ゼロで次をスキップ
                GOTO    TIMLP1          ; TIMLP1 へ（ループ）
                RETURN                  ; サブルーチンから戻る

                END                     ; プログラムの終了
```

6・2 ステッピングモータの速度制御をしよう

ステッピングモータ（写真6・1）はパルスモータとも呼ばれ，パルスが入力されるごとに一定の角度だけ回転する。コンピュータ制御向きのモータであり，位置制御などに広く利用されている。

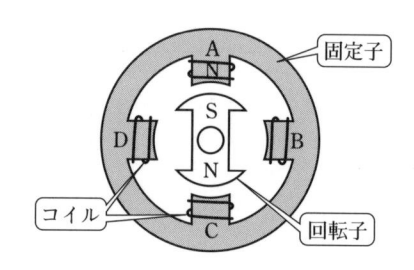

写真6・1 ステッピングモータ

(1) ステッピングモータについて

ステッピングモータの構造を図6・3に示す。DCモータとは違い，モータに直流電源を接続しただけでは回転しない。ステッピングモータを回転させるには，図6・3の各巻線（コイル）に決まった順序で電流を流す必要がある。その方式を**励磁方式**という。

図6・3 ステッピングモータの構造

a．1相励磁

図6・4(a)に示す順序で，常時1相のみに電流を流し回転する方式で，1ステ

ップあたりの角度精度がよく，消費電力は少ないが，振動や**脱調**が起こりやすい。

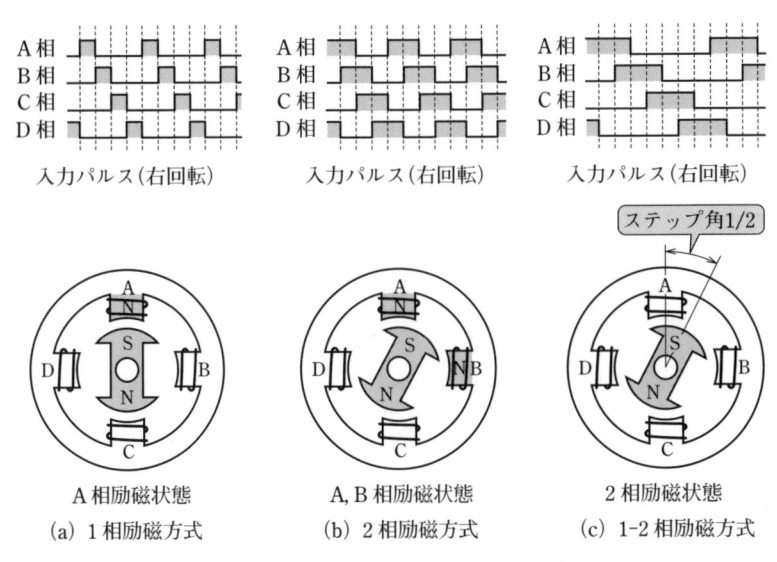

図6・4 ステッピングモータの励磁方式

(a) 1相励磁方式　A相励磁状態
(b) 2相励磁方式　A, B相励磁状態
(c) 1-2相励磁方式　2相励磁状態

> 脱調：ステッピングモータを高速で回転させた場合，ローター（回転する部分）が励磁信号についていけずにすべりが生じること。さらに高速にすると，回転せずに振動するだけとなる。

b．2相励磁

図6・4(b)に示す順序で常時2つの相に電流を流し回転する方式で，1相励磁方式に比べて入力電流は2倍になるがトルクもその分増加する。振動が少なく，低速回転から高速回転まで広い範囲で利用できる。一般にはこの方式が最も多く使用されている。

c．1-2相励磁

図6・4(c)に示す順序で1相励磁と2相励磁を交互に繰り返す方式で，入力電流は1相励磁方式の1.5倍，ステップ角は1相または2相励磁方式の半分になり精度の高い制御ができる。

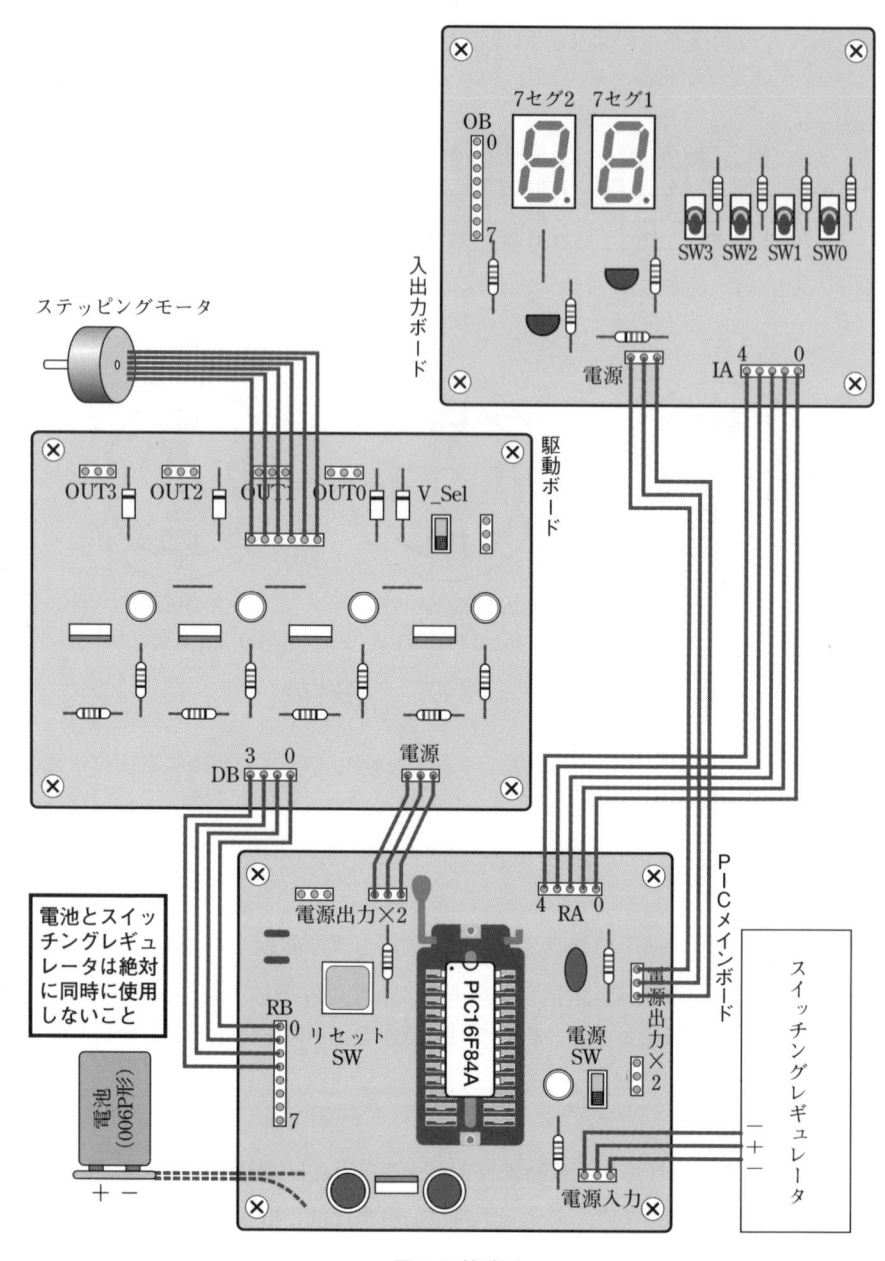

104　第6章　駆動ボードでいろいろな制御をしよう

図6・5　接続図

プログラミングの前に実機のポートについて確認する。実機は，PICメインボードと駆動ボードを使用して図6·5のように接続する。

ポートの割り当てを表6·2に示す。

表6·2 ポートの割り当て

PIC	RA4	RA3	RA2	RA1	RA0	RB7	RB6	RB5	RB4	RB3	RB2	RB1	RB0
入出力	IA4	IA3	IA2	IA1	IA0	—	—	—	—	DB3	DB2	DB1	DB0
対象	7セグ1	SW3	SW2	SW1	SW0	—	—	—	—	d相	c相	b相	a相

例題6·2

SW0をONにすると1相励磁方式でステッピングモータが時計方向に回転する。この流れ図とプログラムを作り実行する。

1相励磁方式で回転するには，次のようなデータをPICよりPORTBに順次送ればよい。

データを4ビットの2進数であらわすと，"0001"（a相）→ "0010"（b相）→ "0100"（c相）→ "1000"（d相）→ "0001"（a相）→ … のようになる。

データは"1"が左に順次ずれているのがわかる。このようにビットをずらすことをシフトするといい，PICにはRLF命令とRRF命令がある。

覚えよう! PICの命令

[25] **RLF命令**（Rotate Left File register through carry の略）
　《 例 》RLF　　WK1,F
　《 意味 》WK1のデータをキャリーフラグも含めて左に1ビットローテート（回転）しなさい。データの動きを図にあらわすと，図6·6のようになる。

[26] **RRF命令**（Rotate Right File register through carry の略）
　《 例 》RRF　　WK1,F
　《 意味 》WK1のデータをキャリーフラグも含めて右に1ビットローテート（回転）しなさい。データの動きを図にあらわすと，図6·7のようになる。

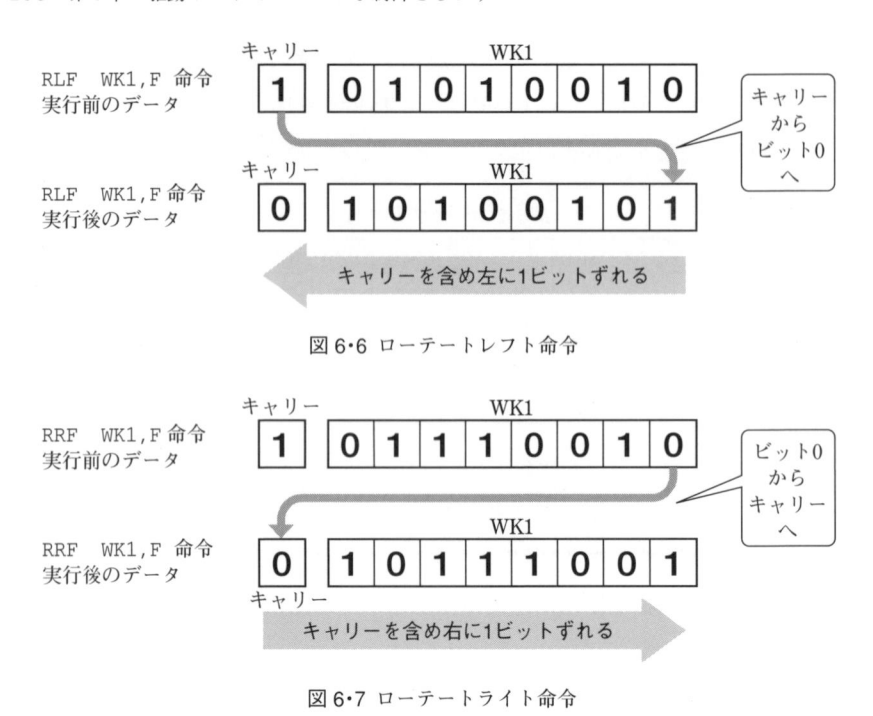

```
RLF  WK1,F 命令     キャリー           WK1
実行前のデータ       | 1 | 0 | 1 | 0 | 1 | 0 | 0 | 1 | 0 |      キャリー
                                                                 から
                                                                 ビット0
                                                                 へ
RLF  WK1,F 命令     キャリー           WK1
実行後のデータ       | 0 | 1 | 0 | 1 | 0 | 0 | 1 | 0 | 1 |

         ← キャリーを含め左に1ビットずれる
```

図 6・6　ローテートレフト命令

```
RRF  WK1,F 命令     キャリー           WK1
実行前のデータ       | 1 | 0 | 1 | 1 | 1 | 0 | 0 | 1 | 0 |      ビット0
                                                                 から
                                                                 キャリー
                                                                 へ
RRF  WK1,F 命令                        WK1
実行後のデータ       | 0 | 1 | 0 | 1 | 1 | 1 | 0 | 0 | 1 |
                    キャリー
         キャリーを含め右に1ビットずれる →
```

図 6・7　ローテートライト命令

例題 6・2 の流れ図を図 6・8 にプログラム例をリスト 6・2 に示す．

リスト 6・2

```
;
;   例題 6・2  SW0 を ON にすると 1 相励磁方式でステッピングモータが
;            時計方向に回転する              [ex06_02.asm]
;
;   RA0 〜 3      ：入力        RA0：SW0
;   RA4, RB0 〜 7 ：出力        RB0：a相 ／ RB1：b相
;                              RB2：c相 ／ RB3：d相
;

            INCLUDE   P16F84A.INC   ; 標準ヘッダファイルの取込み
;
CNT1        EQU       H'0C'         ; 0C 番地を CNT1 にする
CNT2        EQU       H'0D'         ; 0D 番地を CNT2 にする
WK1         EQU       H'0E'         ; 0E 番地を WK1 にする

    ;
```

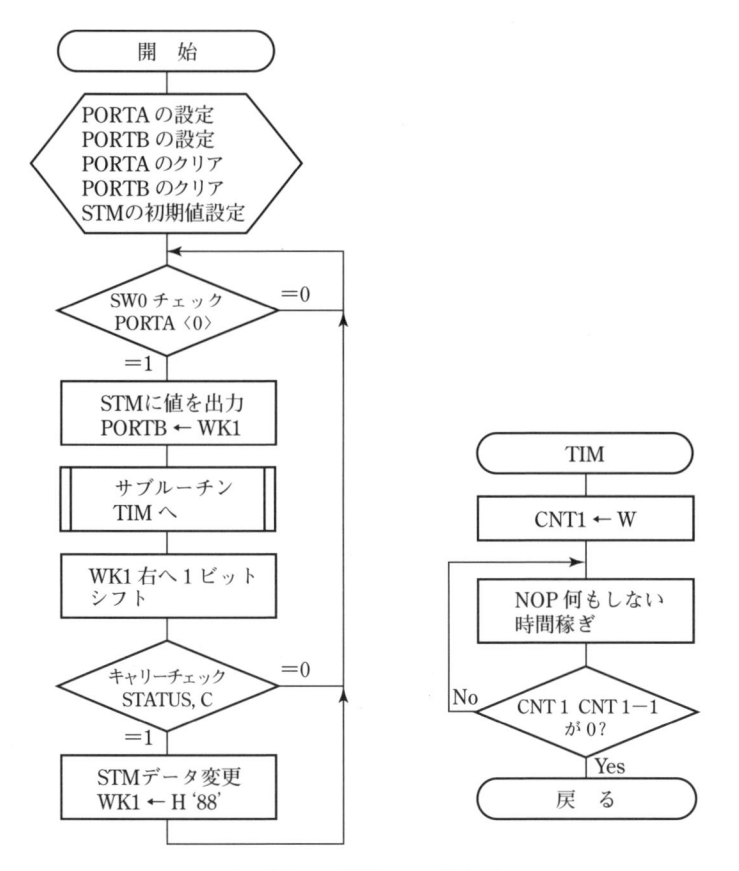

6·2 ステッピングモータの速度制御をしよう　107

```
      開　始
  PORTA の設定
  PORTB の設定
  PORTA のクリア
  PORTB のクリア
  STMの初期値設定

  SW0 チェック      =0
  PORTA〈0〉  ─────→
     =1              │
  STMに値を出力       │
  PORTB ← WK1        │
                     │
  サブルーチン        │
  TIM へ              │
                     │
  WK1 右へ1ビット     │
  シフト             │
                     │
  キャリーチェック   =0 │
  STATUS, C  ────────┘
     =1
  STMデータ変更
  WK1 ← H '88'

           TIM
         CNT1 ← W

         NOP 何もしない
         時間稼ぎ

     No   CNT1 CNT1-1
    ─────    が0?
              Yes
           戻　る
```

図6·8 例題6·2の流れ図

```
            ORG     H'00'           ; 00番地に指定
    ;
    SETUP   BSF     STATUS,RP0      ; バンク1に変更
            CLRF    TRISB           ; PORTBの設定（全て出力）
            MOVLW   B'00001111'     ; "0"は出力／"1"は入力
            MOVWF   TRISA           ; PORTAの設定
            BCF     STATUS,RP0      ; バンク0に変更
            CLRF    PORTA           ; PORTAをクリア
            CLRF    PORTB           ; PORTBをクリア
            MOVLW   B'00010001'     ; ステップモータデータ
            MOVWF   WK1             ; ステップモータの初期値設定
```

```
;  ─────────────────────────────
   MAIN     BTFSS     PORTA,0           ; SW0 チェック
            GOTO      MAIN              ; "MAIN"へ
            MOVF      WK1,W             ; w ← STM データ
            MOVWF     PORTB             ; ステップモータに出力
            CALL      TIM               ; タイマへ
            RRF       WK1,F             ; 右にシフト
            BTFSS     STATUS,C          ; キャリーをチェック
            GOTO      MAIN              ; "MAIN"へ
            MOVLW     B'10001000'       ; データ変更
            MOVWF     WK1               ; wk1 ← STM データ
            GOTO      MAIN              ; "MAIN"へ

;  ─────────────────────────────
;   タイマサブルーチン
;  ─────────────────────────────
;  0.4mS ──────────────
   TIM4M    MOVLW     D'249'            ; ループカウント 249 回
            MOVWF     CNT1              ; 1 ＋ 1 ＝ 2
   TIMLP1   NOP                         ; 何もしない
            DECFSZ    CNT1,F            ; CNT1 ← CNT1 － 1  ゼロで次をスキップ
            GOTO      TIMLP1            ; (1 ＋ 1 ＋ 2)× 249 － 1 ＝ 995
            RETURN                      ; 2 ＋ 995 ＋ 2 ＝ 999  999 × 0.4μS ≒ 0.4mS
;  4mS ──────────────
   TIM      MOVLW     D'10'             ; ループカウント 10 回
            MOVWF     CNT2              ; CNT2 ← ループカウント
   TIMLP2   CALL      TIM4M             ; 0.4mS タイマサブルーチンへ
            DECFSZ    CNT2,F            ; CNT2 ← CNT2 － 1
            GOTO      TIMLP2            ; TIMLP2 へ
            RETURN                      ; サブルーチンから戻る

            END                         ; プログラムの終了
```

課題

6・1　SW1 を ON するとステッピングモータを 1 相励磁方式で反時計方向に回転する流れ図とプログラムを作り実行する。

6・2　SW2 を ON するとステッピングモータを 2 相励磁方式で時計方向に回転する流れ図とプログラムを作り実行する。

6・3　SW3 を ON するとステッピングモータを 2 相励磁方式で時計方向に 1 回転

して止まる流れ図とプログラムを作り実行する。

6・4 SW0 を ON すると ステッピングモータを2相励磁方式で時計方向に2回転してから，反時計方向に3回転して止まる流れ図とプログラムを作り実行する。

6・5 SW0 を ON するとステッピングモータを2相励磁方式で時計方向に6回転（1・2回転目は低速回転，3～4回転目は高速回転，5～6回転目は低速回転）して止まる流れ図とプログラムを作り実行する。

7 ライントレースロボットを作ろう

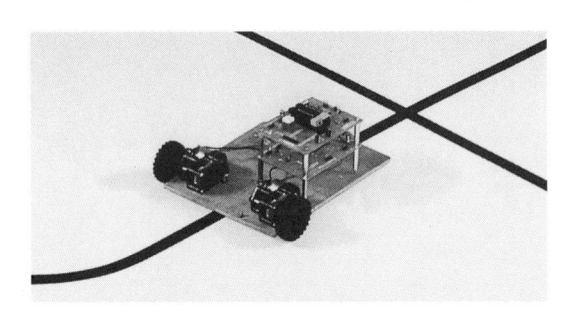

7・1 ライントレースロボットについて

ライントレースロボット（写真7・1）は，白い床の上の黒線（ライン）に沿って走るロボットで，ライントレースカーともいう。

写真7・1 ライントレースロボット

(1) ハンドルがなくても左右に動く車！

ロボット（車）を動かすためにボールキャスタ1個とタイヤ（DCモータ）2個を図7・1のように配置する。右側のタイヤのみ回転させると車体は左側のタイヤを中心にして左に回る。同様に，左側のタイヤのみ回転させると車体は右側のタイヤを中心にして右に回る。また，両側のタイヤを同時に回転させれば直進する。

このようにラインに沿って舵をとればハンドルがなくても自在にロボットを動かすことができる。

(2) モータの回転時期！

自動車で道路を走るときは，運転手が状況を判断しながらハンドルを左右に切り，直線やカーブを通過してゆく。ロボットの場合は，人間の目に相当する赤外線センサで床面の色を検出し，状況判断を行う。

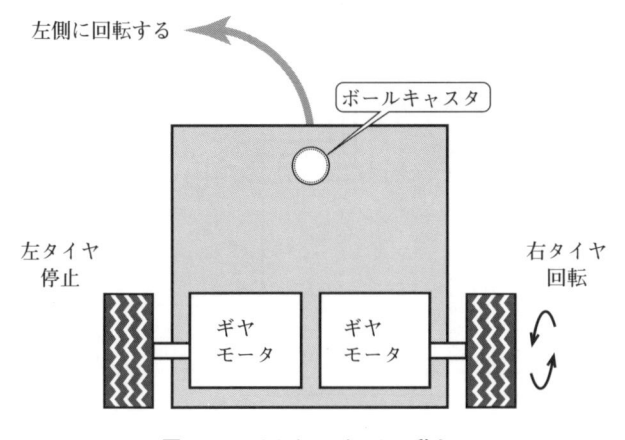

図7・1 タイヤとロボットの動き

　ライントレースロボットの回路は，図7・2のようにPICメインボードとセンサボードおよび駆動ボードにより構成する。赤外線センサで床面の色（白/黒）を検出しセンサボードを通してPICメインボード上のPIC本体に信号を送る。PICはその入力信号によりモータを「回転するか？」「停止するか？」を判断し，駆動ボードを通して左右のモータに信号を送る。
　例えば，図7・3 (a) のように左右のセンサがともにライン（黒い線）上にある場合は直線と判断し，左右のモータを同時に回転し直進する。
　図 (b) のように左側のセンサのみラインから外れた場合は右カーブと判断し，左側のモータのみ回転させ右カーブをする。また，図 (c) のように右側のセンサのみラインから外れた場合は左カーブと判断し，右のモータのみ回転させ左カーブをする。
　原理的にはコンピュータを使わなくても，これらの動作を順次行うことでラインをトレースできるが，ロボットのスピードやカーブの大きさの違いなどにより制御しきれずにロボットがコースアウト（2つのセンサがともにラインからずれる）して止まってしまう。
　これは，2つのセンサのうち，少なくとも1つは必ずライン上にあることを前提にしているからであり，ロボットのスピード調整やコース設定を工夫しないと

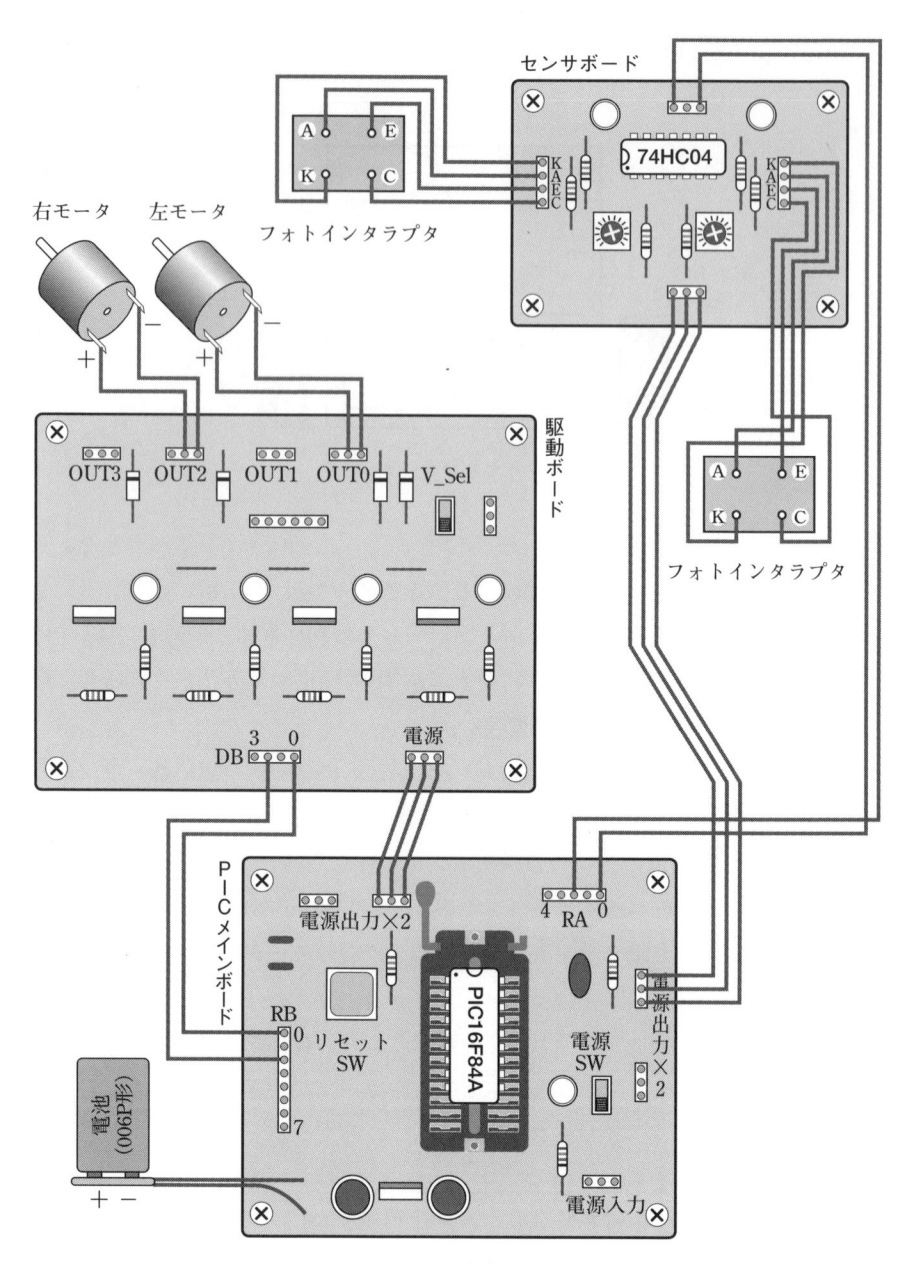

112 第7章 ライントレースロボットを作ろう

図7・2 接続図

黒線　　　　　直進

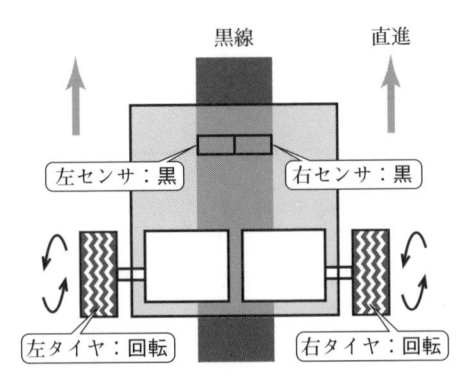

左センサ：黒　　右センサ：黒

左タイヤ：回転　　右タイヤ：回転

(a) 直進

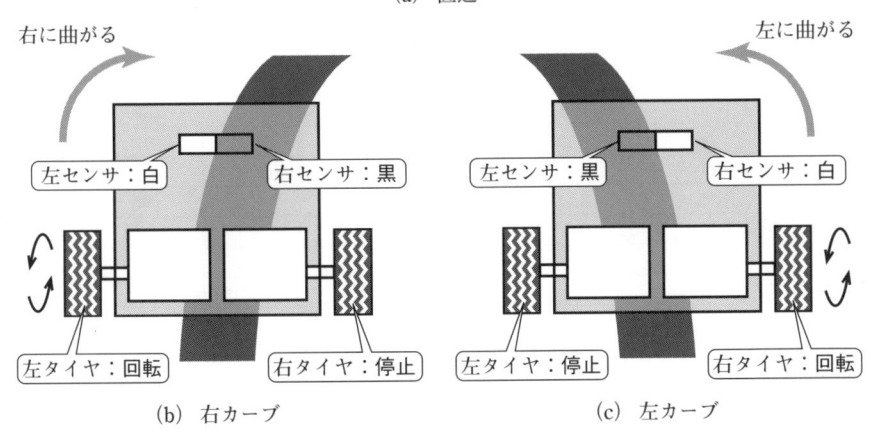

右に曲がる　　　　　　　　　　　左に曲がる

左センサ：白　　右センサ：黒　　　左センサ：黒　　右センサ：白

左タイヤ：回転　　右タイヤ：停止　　左タイヤ：停止　　右タイヤ：回転

(b) 右カーブ　　　　　　　　　　(c) 左カーブ

図 7・3　黒線とロボットの動き

うまく走行できない。そこで，コースアウトをしないロボットを作るよりも，コースアウトをしたときに復帰できるロボットを作り，対処する。そのためにコンピュータが必要となる。

　コースアウトするときのセンサの検知に注目すると，左側にコースアウトする場合，図 7・3 (b) のようにはじめ左側のセンサがラインから外れ，次に右側のセンサが外れてコースアウトする。右側にコースアウトする場合，図 7・3 (c) のように，はじめ右側のセンサがラインから外れ，次に左側のセンサが外れてコースアウトする。コースアウトから復帰させるには，コースアウト直前のセンサの状

態をコンピュータに記憶させ，コースアウトしたときに，記憶しておいたデータをモータに送ればよい．

7・2 工作と動作チェック

ライントレースロボットに使用する部品を表7・1に示す．不足しているものはないか確かめよう．

表7・1 ライントレースロボット部品表

記号	品　名	型・値	数量	標準的な単価（円）
	ギヤーボックス	タミヤ ITEM72003 ハイパワーギヤーボックス HE	2	850×2＝1700
	ゴムタイヤ	ヤマザキ J1124 φ50	2	130
	ボールキャスタ	ウィング 1101　25S	1	125
	6角スペーサ	長さ 30×M3	4	30×4＝120
	ベニヤ板	210×160×5.5	1	300
	電池ケース	単三　2個用	1	75
	単三電池	アルカリ	2	195（4本）
	電池スナップ		1	30
	アルミ Lアングル	長さ 35　10×10	1	50
	ネジ　他		少々	
合　計				2725

(1) 赤外線センサ取り付け部品を作ろう

アルミ製Lアングルに図7・4のような穴あけ位置を描き，穴をあける．赤外線センサをフレームに固定するために使用するので，他のもので代用してもよい．

写真7・2のように，センターポンチで中心に印を付けてから穴あけを行うと中心がずれない．

センサ取り付け穴はφ2.5mm，フレーム取り付け穴はφ3.2mmにする．

赤外線センサを写真7・3のように，センサがフレームより1～2mm程度下に出るようにして取り付ける．

(2) ギヤーモータを組み立てよう

写真7・4のハイパワーギヤーボックスHEを減速比41.7：1（B）にして，箱の中にある説明書を参考にしながら2個組み立てる．

7・2 工作と動作チェック　115

アルミ10mmの
Lアングル

センサ取付け穴
φ2.5
13
10
7

フレーム取付け穴
35
φ3.2
24
5

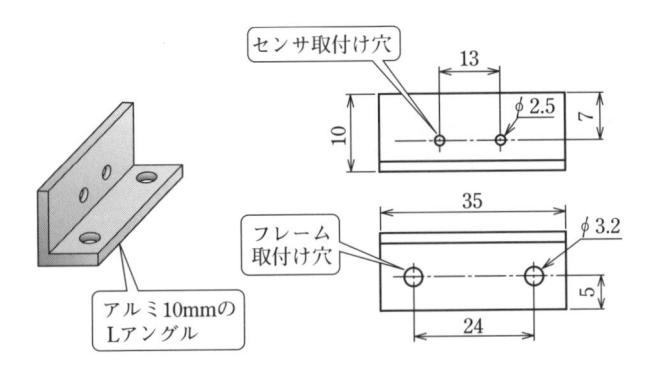

図7・4　光センサ取付け穴あけ図

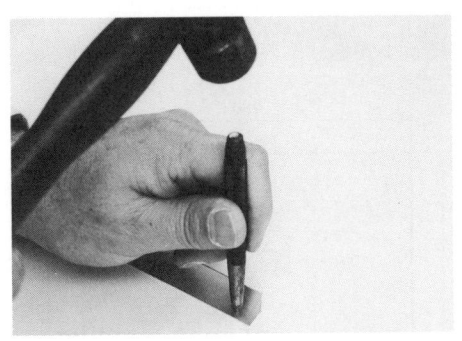

写真7・2　センターポンチで中心に印をつける

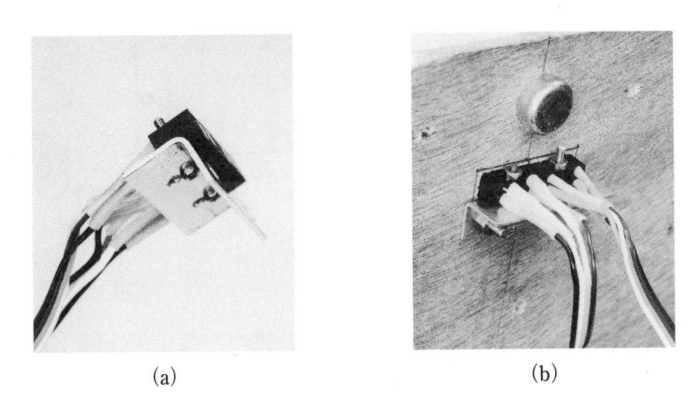

(a)　　　　　　　　　　(b)

写真7・3　赤外線センサの取り付け

第7章 ライントレースロボットを作ろう

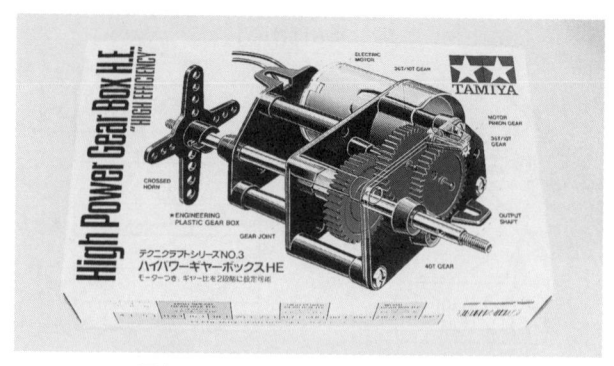

写真7・4　ハイパワーギヤーボックス

(3) フレームを作ろう

ベニヤ板に図7・5に示す穴あけ位置を描き，穴をあける。

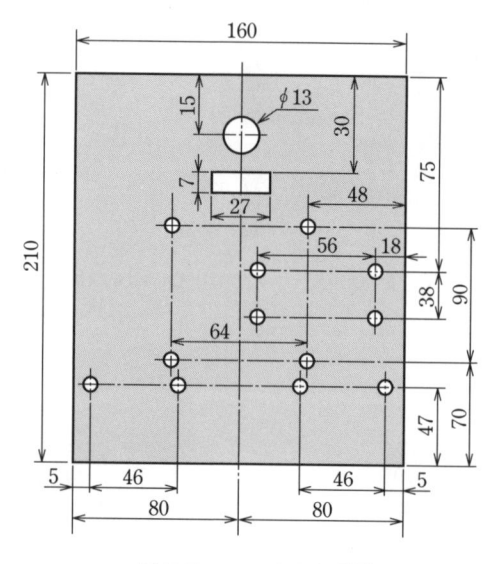

図7・5　フレーム穴あけ図

ボールキャスタ取り付け穴はφ13mm，その他の穴はφ3.2mmにする。赤外線センサの四角穴はφ3.2mmの穴を線の内側に数ヶ所あけ，精密ヤスリで四角い穴に加工する。(1)で作った部品をあてながらできるだけ隙間がないように加

工する。

(4) ライントレースロボットを組み立てよう ────────

　ボールキャスタをフレームの取り付け穴に入れる。少しきつめの穴であるが，大きく加工せずにそのまま手で押し込んで入れる。ビス留めはしない。

　センサをフレームに取り付ける。取り付けには皿ネジを使い，取り付け後にネジの頭がフレーム下に飛び出さないようにしっかり止める。

　ギヤモータを取り付け，タイヤを軸に挿入する。

　PICメインボードと駆動ボードは，写真7・5のように六角スペーサ（長さ30mm）を使い，二段重ねにしてフレームに取り付ける。ナットを使わずに取り付け穴に差し込むだけにする。センサボードはスペーサの替わりに長さ5mmのネジを使いフレームに取り付ける。

写真7・5　PICメインボードと駆動ボードの取り付け

　PICメインボードと駆動ボードおよび，センサボードを図7・6のように配線する。最後に，回路用電源（9V，006P）および駆動用電源（3V）を接続する（スイッチはOFF）。

(5) 簡単な動作チェックをしよう ────────

a．センサの感度調整をしよう

　センサチェック紙をライントレースロボットの前面より床面に沿って入れる。

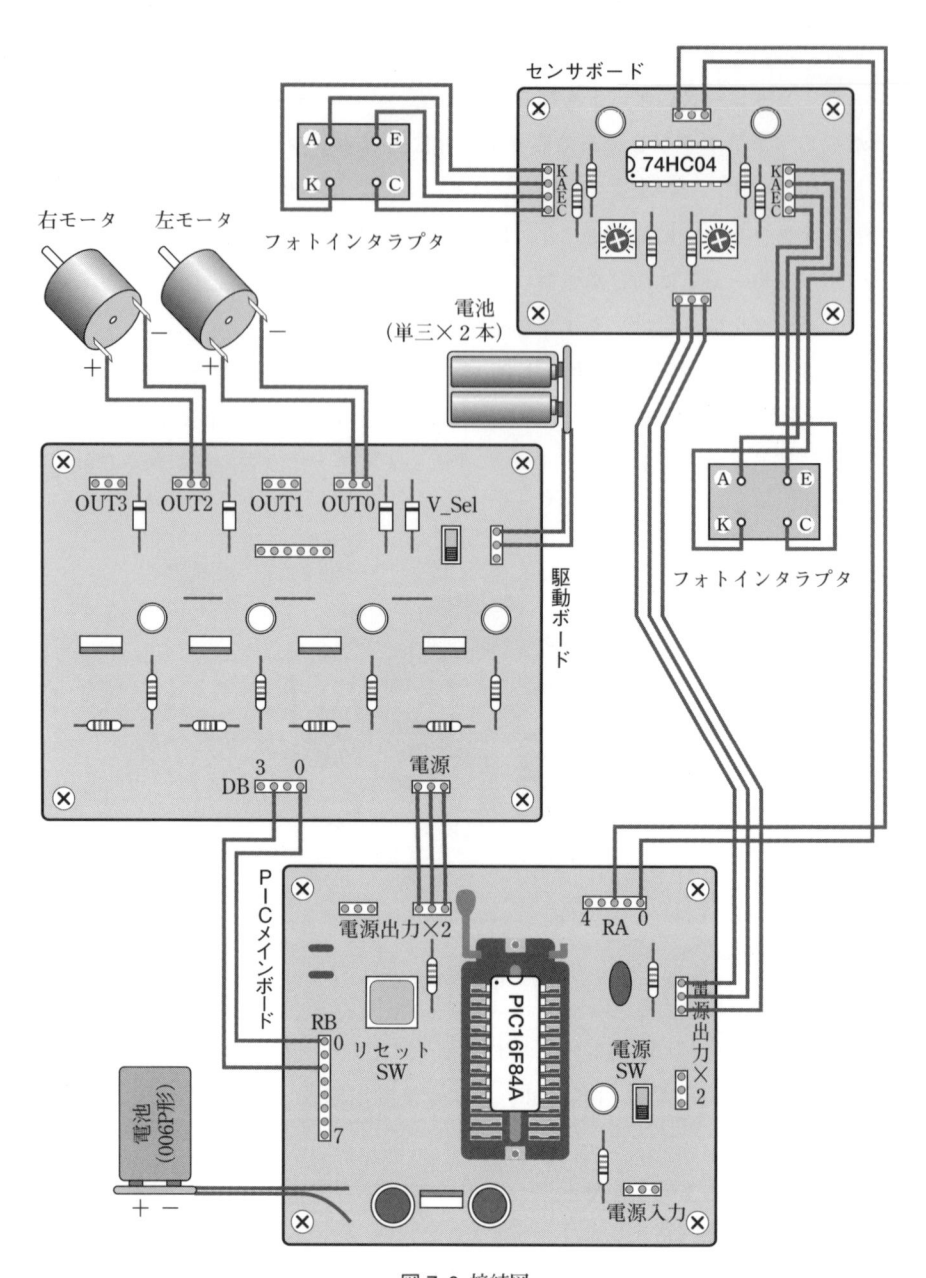

118　第7章　ライントレースロボットを作ろう

図7・6　接続図

センサがセンサチェック紙の白色を検知する場所に置く。

　PIC本体をソケットに入れずに，PICメインボードの電源を入れ，センサチェック紙を前後に動かし，センサが白色/黒色を検知できるように調整する。センサが黒色を検知したときのみ，センサボードのLEDが点灯するようにセンサボード上にある半固定抵抗を調整する。この調整を左右のセンサについて行う。

b．タイヤの回転方向を確認しよう

　ライントレースロボットを適当な台の上に載せ，タイヤが自由に回転できるようにする。

　PICメインボードと駆動ボードを接続している信号線DB0～DB3のケーブルを外す。駆動用電源切り替えスイッチ（V-Sel）が下側の位置（外部用）になっていることを確認し，電源スイッチをONにする。駆動ボードの入力端子"DB0"および"DB2"に5Vテストピンより5Vを加える。

　このとき，タイヤが前進する方向に回転すればOK。逆回転しているときは，モータの接続（極性）を反対にする。

(6) コースを作ろう

　写真7・6のように白色の化粧ベニヤ板（900mm×1800mm）の上に黒色のビニルテープ（つや消しのテープがよい）を8の字に貼り周回コースを作る。

　ビニルテープを貼るときは，できるだけテープが伸びないように注意し，中に空気が残らないようにしっかり接着する。交差点はできるだけ直交するようにし，前後25cm程度は直線を作るとよい。

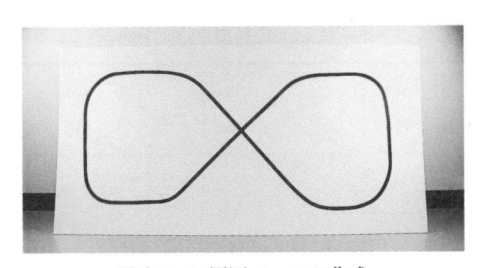

写真7・6　周回コースの作成

7・3 プログラムで動かそう

プログラミングの前に実機のポートについて確認しておく．実機は，PICメインボード，駆動ボード，センサボードにより構成する（図7・6）．

ポートの割り当てを表7・2に示す．

表7・2 ポートの割り当て

PIC	RA4	RA3	RA2	RA1	RA0	RB7	RB6	RB5	RB4	RB3	RB2	RB1	RB0
入出力	—	—	SEN2	—	SEN1	—	—	—	—	DB3	DB2	DB1	DB0
対象	—	—	センサ2（左）	—	センサ1（右）	—	—	—	—	—	モータ（右）	—	モータ（左）

(1) ライントレースロボットのプログラム

例題 7・1

ライントレースロボットの流れ図とプログラムを作り実行する．

ライントレースロボットは，両側のセンサが黒色を検出しているときは両方のモータを回転して直進する．左側センサのみ黒色を検出していれば右側のモータのみ回転して左カーブする．右側センサのみ黒色を検出していれば左側のモータのみ回転して右カーブする．コースアウトしたときは，直前のデータを用いてモータを回転する．この動作の流れ図を図7・7に，プログラム例をリスト7・1に示す．

リスト 7・1

```
;
;       例題7・1  ライントレースロボット  [ex07_01.asm]
;
;       RA0：センサ1（右）      RB0：モータ（左）
;       RA2：センサ2（左）      RB2：モータ（右）
;
;
            INCLUDE  P16F84A.INC   ; 標準ヘッダファイルの取込み
;
B_SEN       EQU      H'13'         ; 直前のデータ
```

7・3 プログラムで動かそう　*121*

```
          ┌──────────┐
          │   開　始  │
          └─────┬────┘
           ╱──────────╲
          ╱ PORTA および ╲
         ╱  PORTB の設定   ╲
         ╲  PORTA のクリア ╱
          ╲ PORTB のクリア╱
           ╲────┬──────╱
                │
          ┌──────────┐
          │ 出力データクリア │
          └─────┬────┘
          ┌──────────┐
          │ センサデータ読込 │
          └─────┬────┘
          ┌──────────────┐
          │ 読み込みデータ AND │
          │  B'00000101'    │
          │ センサデータのみ取り│
          │   出す          │
          └─────┬────────┘
```

左右センサ白白？ =Yes → 直前データ読込
=No
左センサ黒？ =No → 左モータのみ ON
=Yes
右センサ黒？ =No → 右モータのみ ON
=Yes
直進 → 直前データとして保存

モータに出力

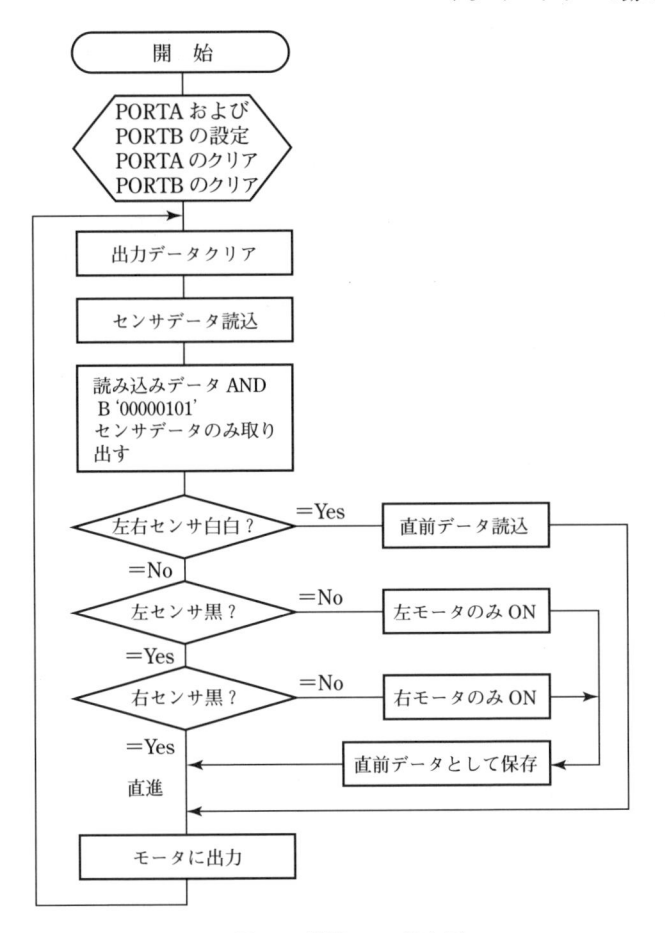

図 7・7　例題 7・1 の流れ図

```
       O_DATA   EQU    H'14'        ; 出力データ
       WK       EQU    H'15'        ; 15 番地を WK にする
;─────────────────────────────
                ORG    H'00'        ; 00 番地に指定
                GOTO   INITI        ; 初期設定へ
;─────────────────────────────
       INITI                        ; 初期設定
                BSF    STATUS,RP0   ; バンク 1 に変更
```

```
                MOVLW       B'00011111'     ; "0"は出力／"1"は入力
                MOVWF       TRISA           ; PORTAの設定
                CLRF        TRISB           ; PORTBの設定（全て出力）
                BCF         STATUS,RP0      ; バンク0に変更
                CLRF        PORTA           ; PORTAをクリア
                CLRF        PORTB           ; PORTBをクリア
;       ─────────────────────────
        MAIN    CLRF        O_DATA          ; 出力データクリア
                MOVF        PORTA,W         ; センサデータ読み込み
                ANDLW       05H             ; センサデータのみにする（ANDマスク）
                BTFSC       STATUS,Z        ; 白・白チェック
                GOTO        Z_L             ; 白・白の処理へ
                MOVWF       WK              ; WK←センサデータ
                BTFSS       WK,0            ; 右センサチェック
                GOTO        R_M             ; 左センサのみ黒の処理へ
                BTFSS       WK,2            ; 左センサチェック
                GOTO        L_M             ; 右センサのみ黒の処理へ
                GOTO        O_L2            ; 黒・黒の処理へ

        R_M     BSF         O_DATA,2        ; 右モータONに設定
                GOTO        O_L1            ; 次の処理へ

        L_M     BSF         O_DATA,1        ; 左モータONに設定

        O_L1    MOVWF       B_SEN           ; 直前データとして保存
        O_L2    MOVWF       PORTB           ; モータに出力
                GOTO        MAIN            ; "MAIN"へ

        Z_L     MOVF        B_SEN,W         ; 直前データ読み込み
                GOTO        O_L2            ; モータ出力へ

                END                         ; プログラムの終了
```

例題 7・2

低速（50％）で走るライントレースロボットの流れ図とプログラムを作り実行する。

6・1節の「DCモータの速度制御をしよう」で実験した速度制御（例題6・1）のプログラムを応用し，流れ図（図7・8），プログラム例（リスト7・2）を作成す

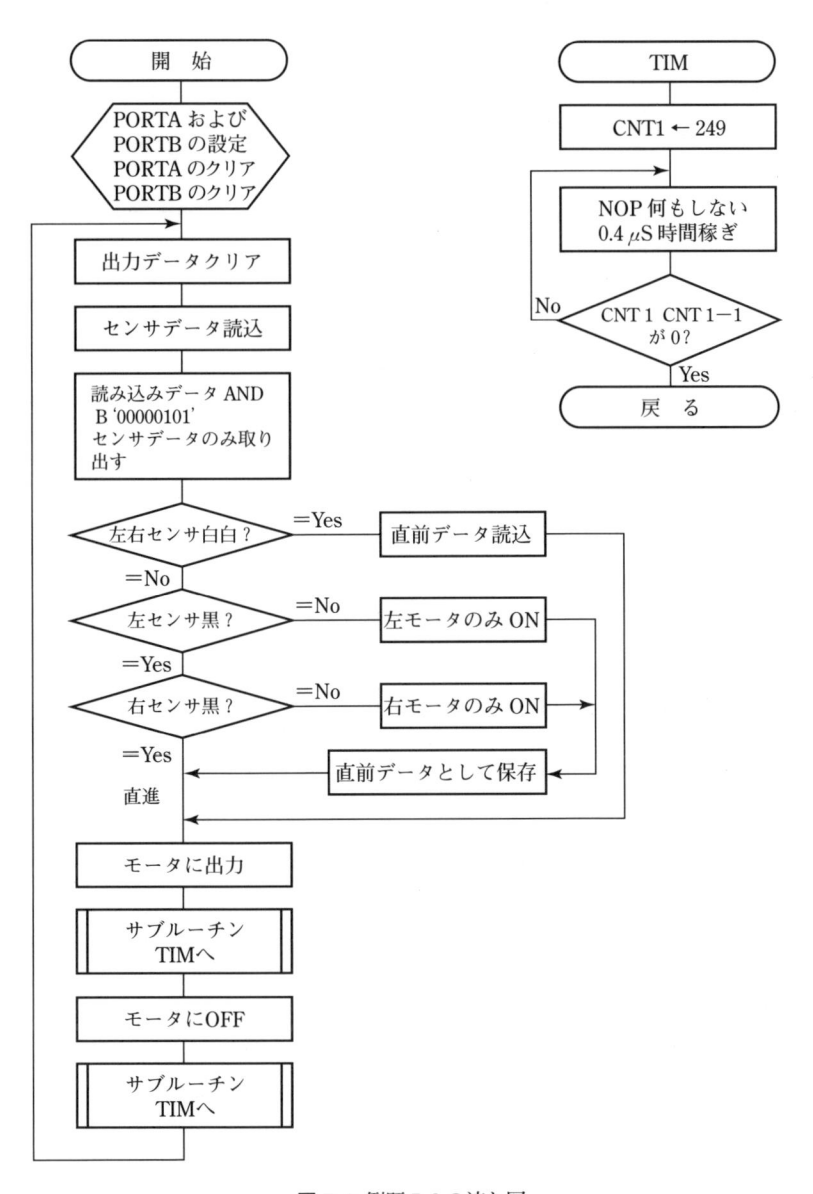

7·3 プログラムで動かそう　*123*

図 7·8　例題 7·2 の流れ図

る。

リスト7・1

```
;
;  例題7・2   低速（50％）で走るライントレースロボット
;                            [ex07_02.asm]
;
;  RA0,2：入力     RA0：右センサ        RB0：左モータ
;  RB0,2：出力     RA2：左センサ        RB2：右モータ
;

         INCLUDE  P16F84A.INC    ; 標準ヘッダファイルの取込み
;
B_SEN    EQU      H'0C'          ; 直前のデータ
O_DATA   EQU      H'0D'          ; 出力データ
WK       EQU      H'0E'          ; 0E番地をWKにする
CNT1     EQU      H'0D'          ; 0D番地をCNT1にする
;
         ORG      H'00'          ; 00番地に指定
;
SETUP    BSF      STATUS,RP0     ; バンク1に変更
         MOVLW    B'00011111'    ; "0"は出力／"1"は入力
         MOVWF    TRISA          ; PORTAの設定
         CLRF     TRISB          ; PORTBの設定（全て出力）
         BCF      STATUS,RP0     ; バンク0に変更
         CLRF     PORTA          ; PORTAクリア
         CLRF     PORTB          ; PORTBクリア
         CLRF     B_SEN          ; 直前データクリア
;
MAIN     CLRF     O_DATA         ; 出力データクリア
         MOVF     PORTA,W        ; センサデータ読み込み
         ANDLW    B'00000101'    ; センサデータのみにする（ANDマスク）
         BTFSC    STATUS,Z       ; 白・白チェック
         GOTO     Z_L            ; 白・白の処理へ
         MOVWF    WK             ; WK←センサデータ
         BTFSS    WK,0           ; 右センサチェック
         GOTO     R_M            ; 左センサのみ黒の処理へ
         BTFSS    WK,2           ; 左センサチェック
         GOTO     L_M            ; 右センサのみ黒の処理へ
         GOTO     O_L2           ; 黒・黒の処理へ

R_M      BSF      O_DATA,2       ; 右モータONに設定
         GOTO     O_L1           ; 次の処理へ
```

```
L_M     BSF     O_DATA,1        ; 左モータ ON に設定

O_L1    MOVWF   B_SEN           ; 直前データとして保存
O_L2    MOVWF   PORTB           ; モータに出力
        CALL    TIM             ; タイマサブルーチンへ
        CLRF    PORTB           ; モータ停止
        CALL    TIM             ; タイマサブルーチンへ
        GOTO    MAIN            ; "MAIN"へ

Z_L     MOVF    B_SEN,W         ; 直前データ読み込み
        GOTO    O_L2            ; モータ出力へ

;────────────────────────────────────────
;       タイマサブルーチン
;────────────────────────────────────────
TIM     MOVLW   D'249'          ; ループカウント 249 回
        MOVWF   CNT1            ; 1 + 1 = 2
TIMLP1  NOP                     ; 何もしない
        DECFSZ  CNT1,F          ; CNT1 ← CNT1 － 1  ゼロで次をスキップ
        GOTO    TIMLP1          ; (1 + 1 + 2)× 249 － 1 = 995
        RETURN                  ; 2 + 995 + 2 = 999  999 × 0.4 μS ≒ 0.4mS

        END                     ; プログラムの終了
```

8 割り込み処理をしてみよう

8·1 割り込みについて

例えば「本を読んでいたところに電話のベルが鳴った」このようなときは，…
① 本に夢中なので電話を無視する。
② 本の読んでいたページに印をつけて電話に出る。電話の内容の処理後，本の続きを読む。

大多数の人は②のようにするであろう。この②の処理がコンピュータの**割り込み処理**であり，本を読むのがメインの処理で，いつ鳴るかわからない電話に対する処理が割り込み処理である。

PIC16F84Aには，内部のタイマ（TMR0）割り込みと外部割り込みがあり，どちらの割り込みが発生してもプログラムは4番地に分岐する。

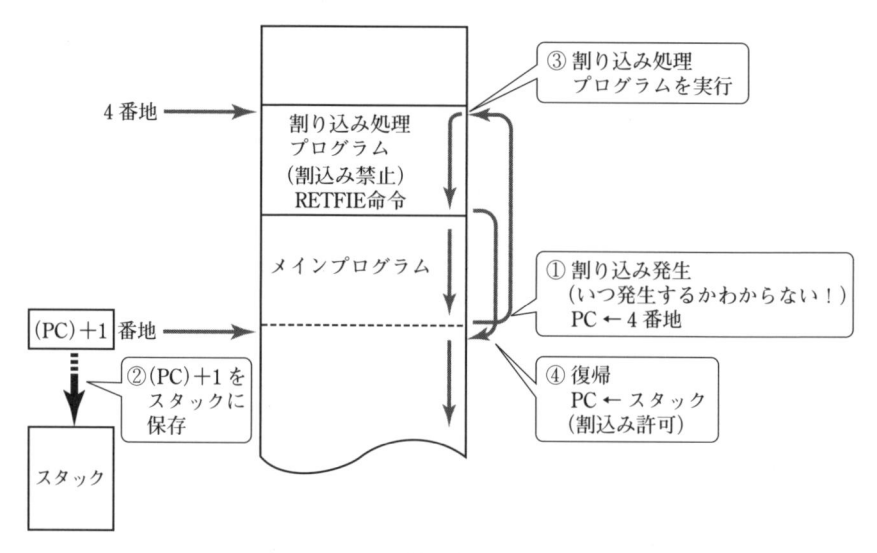

図 8·1 割り込みの概念

8・1 割り込みについて **127**

■　外部割り込みは，RB0／INT 割り込みと RB ポート変化割り込みがある。

割り込み処理では，図 8・1 のように，メインプログラムの実行中に割り込みが発生すると，現在のプログラムアドレス（PC）＋1 をスタックに退避して，4 番地からの割り込み処理を実行する。割り込み処理の実行中は，次の割り込みを禁止する。

割り込み処理から戻るときは，RETFIE 命令を使いスタックのアドレスを PC に復帰し，同時に次の割り込みを許可する。

タイマ（TMR0）割り込みの処理手順を図 8・2 に示す。

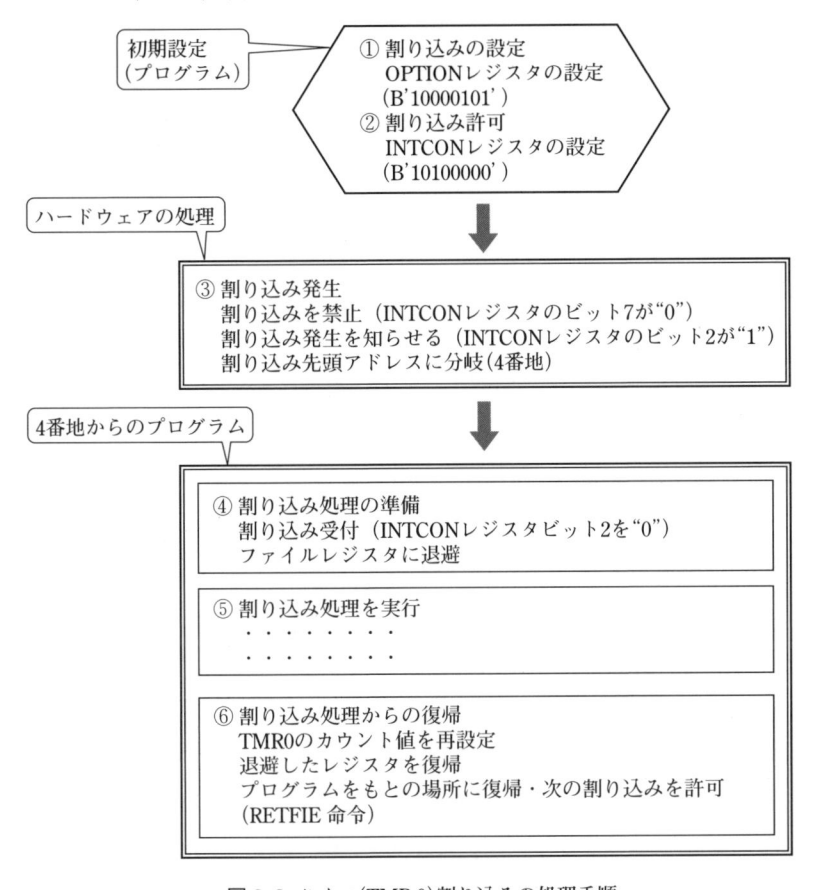

```
┌─────────────┐   ┌─────────────────────────────┐
│ 初期設定    │   │ ① 割り込みの設定            │
│ (プログラム)│──→│    OPTION レジスタの設定    │
└─────────────┘   │    (B'10000101')            │
                  │ ② 割り込み許可              │
                  │    INTCON レジスタの設定    │
                  │    (B'10100000')            │
                  └─────────────────────────────┘
                                │
                                ▼
┌───────────────────┐
│ ハードウェアの処理│
└───────────────────┘
   ┌─────────────────────────────────────────────────┐
   │ ③ 割り込み発生                                  │
   │    割り込みを禁止（INTCON レジスタのビット7が"0"）│
   │    割り込み発生を知らせる（INTCON レジスタのビット2が"1"）│
   │    割り込み先頭アドレスに分岐(4番地)            │
   └─────────────────────────────────────────────────┘
                                │
                                ▼
┌──────────────────────┐
│ 4番地からのプログラム│
└──────────────────────┘
   ┌─────────────────────────────────────────────────┐
   │ ④ 割り込み処理の準備                            │
   │    割り込み受付（INTCON レジスタビット2を"0"）  │
   │    ファイルレジスタに退避                       │
   ├─────────────────────────────────────────────────┤
   │ ⑤ 割り込み処理を実行                            │
   │    ・・・・・・・・                              │
   │    ・・・・・・・・                              │
   ├─────────────────────────────────────────────────┤
   │ ⑥ 割り込み処理からの復帰                        │
   │    TMR0 のカウント値を再設定                    │
   │    退避したレジスタを復帰                       │
   │    プログラムをもとの場所に復帰・次の割り込みを許可│
   │    (RETFIE 命令)                                │
   └─────────────────────────────────────────────────┘
```

図 8・2　タイマ(TMR0)割り込みの処理手順

(1) タイマ割り込みの設定をする。

始めにバンク1にあるOPTIONレジスタ（H'81'番地）を設定する。
OPTIONレジスタは図8・3のようなビット構成になっている。

```
┌─────────────────────────────────────────────────────────┐
│                    OPTIONレジスタの値                    │
│                      B'10000101'                         │
│                                                          │
│  bit 7      OPTIONレジスタ（H'81'番地）        bit 0    │
│  ┌─────┬──────┬─────┬──────┬─────┬─────┬─────┬─────┐   │
│  │RBPU │INTEDG│TOCS │TOSE  │PSA  │PS2  │PS1  │PS0  │   │
│  └─────┴──────┴─────┴──────┴─────┴─────┴─────┴─────┘   │
│                                                          │
│                                   プリスケーラのスケール値│
│                           割当て  PSO 2  TMR0    WDT    │
│                 プリスケーラ      000    1：2    1：1    │
│              ┌─ 1：WDTに使う     001    1：4    1：2    │
│              └─ 0：TMR0に使う    010    1：8    1：4    │
│        TMR0の入力エッジ指定       011    1：16   1：8    │
│              ┌─ 1：立下りエッジ   100    1：32   1：16   │
│              └─ 0：立上りエッジ   101    1：64   1：32   │
│        TMR0のクロックの選択       110    1：128  1：64   │
│              ┌─ 1：TOCK1ピンの入力 111    1：256  1：128 │
│              └─ 0：内部クロック                          │
│     INTピン割り込みのエッジ指定                          │
│              ┌─ 1：立上りエッジ                          │
│              └─ 0：立下りエッジ                          │
│     PORTBのプルアップ指定                                │
│              ┌─ 1：プルアップしない                      │
│              └─ 0：プルアップする                        │
└─────────────────────────────────────────────────────────┘
```

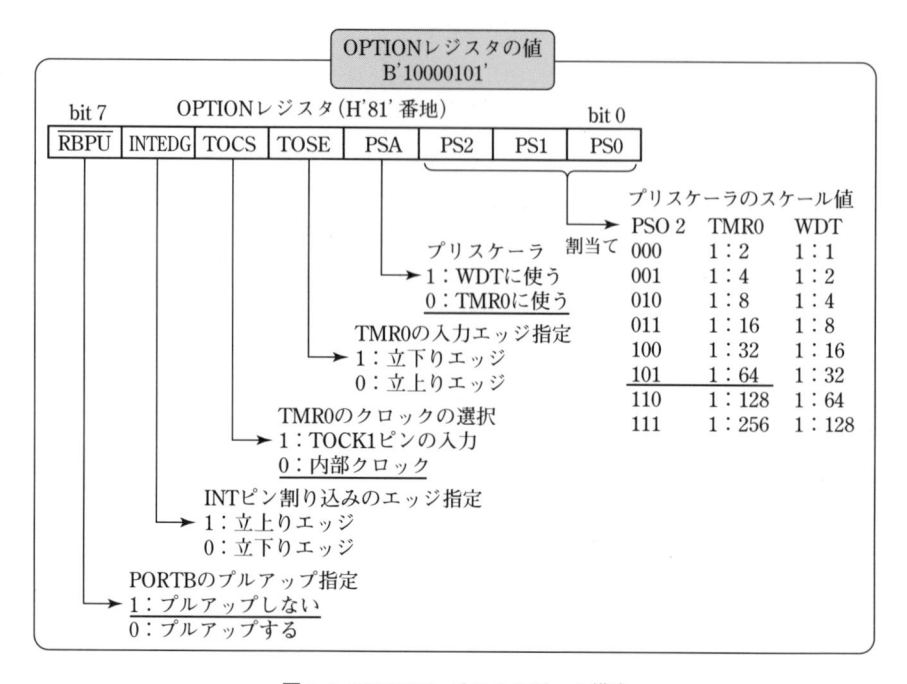

図8・3 OPTIONレジスタのビット構成

ビット7のPORTBプルアップイネーブルビットを"1"のプルアップを「使用しない」に設定する。もし，"0"のプルアップを「使用する」に設定すると，PIC内部でPORTBに対して約50kΩの抵抗でプルアップされる。本書では，内部プルアップ抵抗を使わずに回路を構成する。

ビット6の割り込みエッジ選択ビットは，使用しないので"0"/"1"どちらでもよい。使用しないビットは"0"に設定する。

ビット5のTMR0クロックソース選択ビットを"0"とし，「内部クロック」に設定する。"1"のTOCK1入力に設定する場合は，RA4/TOCK1より外部クロッ

クを与えて使用する。

　ビット4のTMR0ソースエッジ選択ビットは，ビット5を"1"に設定したときに使用する。ここでは"0"/"1"どちらでもよいので"0"に設定する。

　ビット3のプリスケーラ割り当てビットを"0"とし，「TMR0に使う」に設定する。もし，"1"の「WDTに使う」に設定すると，プリスケーラレートはWDT用のレートになる。

　ビット2〜0のプリスケーラレートの選択は，例えば1msのタイマ割り込みを作るとすれば，"101"（レート64）に設定する（図8・3参照）。

　図8・4のように，レート64の場合は，TMR0の8ビット（256回）カウンタの下位に6ビット（レート64）のカウンタを付け，14ビット（16384回）カウンタとして動作する。すなわち，TMR0は64倍のスケールで動作することになる。

```
┌─ TMR0の8ビットカウンタ ─┐┌─ プリスケーラ64の6ビットカウンタ ─┐
│T7│T6│T5│T4│T3│T2│T1│T0││P5│P4│P3│P2│P1│P0│
```

TMR0にカウント値(0〜256)を設定

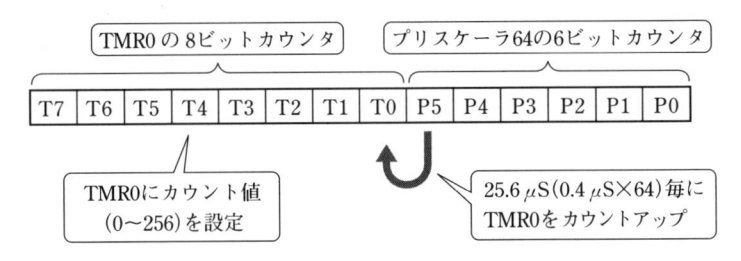

25.6μS(0.4μS×64)毎にTMR0をカウントアップ

図8・4　プリスケーラとTMR0の関係

　CPUクロックを10MHz（0.1μs）とすれば命令サイクルタイムは0.1μs×4＝0.4μsとなり，最大6.55ms（0.4μs×16384回）命令のタイマ割り込みができる。

　OPTIONレジスタの内容をまとめると，B'10000101'となる。

　次に，バンク0にあるTMR0レジスタ（H'01'番地）にカウント値を設定する。

　TMR0のカウント値の計算は，次のようにする。

$$必要なカウント値 = \frac{タイマ割り込み時間}{サイクルタイム \times プリスケーラレート}$$

例：1ms に必要なカウント値 $= \dfrac{1\text{ms}}{0.4\mu\text{s} \times 64} = 39$ 回

TMR0 はアップカウンタで 256 から 0 に戻るときに割り込みを発生するので，

TMR0 のカウント値 $= 256 -$（必要なカウント値）

1ms にする TMR0 のカウント値 $= 256 - 39 = 217$ 回

となり，TMR0 レジスタに D'217' を設定する。

TMR0 のカウント値を設定した時点からカウントが始まる。

> プリスケーラのレートを 256 にすると，16 ビットカウンタになり最大約 26ms までのタイマ割り込みができる。

(2) **割り込みを許可する。**

バンク 0 にある INTCON レジスタ（H'0B'番地）に割り込み許可を設定する。INTCON レジスタのビット構成を図 8・5 に示す。

ビット 7 の全体の割り込みイネーブルを"1"の「許可する」に設定する。ビット 5 の TMR0 割り込みイネーブルを"1"の「許可する」に設定する。その他のビットはすべて"0"に設定する。INTCON レジスタの内容をまとめると，B'10100000' となる。

(3) **割り込みが発生する。**

INTCON レジスタのビット 7 の全体の割り込みイネーブルが"0"となり，割り込みを禁止すると同時に，ビット 2 の TMR0 割り込みフラグが"1"となり，TMR0 による割り込みが発生したことを知らせ，プログラムは割り込み先頭番地（割り込みベクタ）の 4 番地に分岐する。

(4) **割り込み処理の準備をする。**

TMR0 の割り込みを受け付けたので，INTCON レジスタのビット 2 の TMR0 割り込みフラグを"0"にする。

W レジスタや STATUS レジスタなどの値を保護するため，割り込み処理中に使用するレジスタをファイルレジスタに退避する。フラグが変化しないように MOVWF 命令や SWAPF 命令を使用する。

8·1 割り込みについて **131**

```
         ┌─────────────────┐
         │ INTCONレジスタの値 │
         │   B'10100000'   │
         └─────────────────┘
       INTCONレジスタ(H '8B' 番地)
bit 7                                    bit 0
┌─────┬──────┬──────┬──────┬──────┬──────┬──────┬──────┐
│ GIE │ EEIE │ TOIE │ INTE │ RBIE │ TOIF │ INTF │ RBIF │
└─────┴──────┴──────┴──────┴──────┴──────┴──────┴──────┘
```

　　　　　　　　　　　　　　　　　　　　RBポート変化割り込みフラグ
　　　　　　　　　　　　　　　　　　　　1：少なくとも1つ以上のRB7～
　　　　　　　　　　　　　　　　　　　　　　RB4の状態が変化した
　　　　　　　　　　　　　　　　　　　　0：RB7～RB4の状態に変化なし

　　　　　　　　　　　　　　　　　　RB0/INT割り込みフラグ
　　　　　　　　　　　　　　　　　→ 1：割り込み発生(ソフトウェア
　　　　　　　　　　　　　　　　　　　でクリア要)
　　　　　　　　　　　　　　　　　　0：立上りエッジ

　　　　　　　　　　　　　　　TMR0割り込みフラグ
　　　　　　　　　　　　　　→ 1：割り込み発生(ソフトウェアでクリア要)
　　　　　　　　　　　　　　　0：割り込み発生なし

　　　　　　　　　　　　RBポート変化割り込みイネーブル
　　　　　　　　　　　→ 1：割り込み発生許可
　　　　　　　　　　　　0：割り込み発生禁止

　　　　　　　　　RB0/INT割り込みイネーブル
　　　　　　　　→ 1：割り込み発生許可
　　　　　　　　　0：割り込み発生禁止

　　　　　　TMR0割り込みイネーブル
　　　　　→ <u>1：割り込み発生許可</u>
　　　　　　0：割り込み発生禁止

　　　EEライト完了割り込みイネーブル
　　→ 1：割り込み発生許可
　　　0：割り込み発生禁止

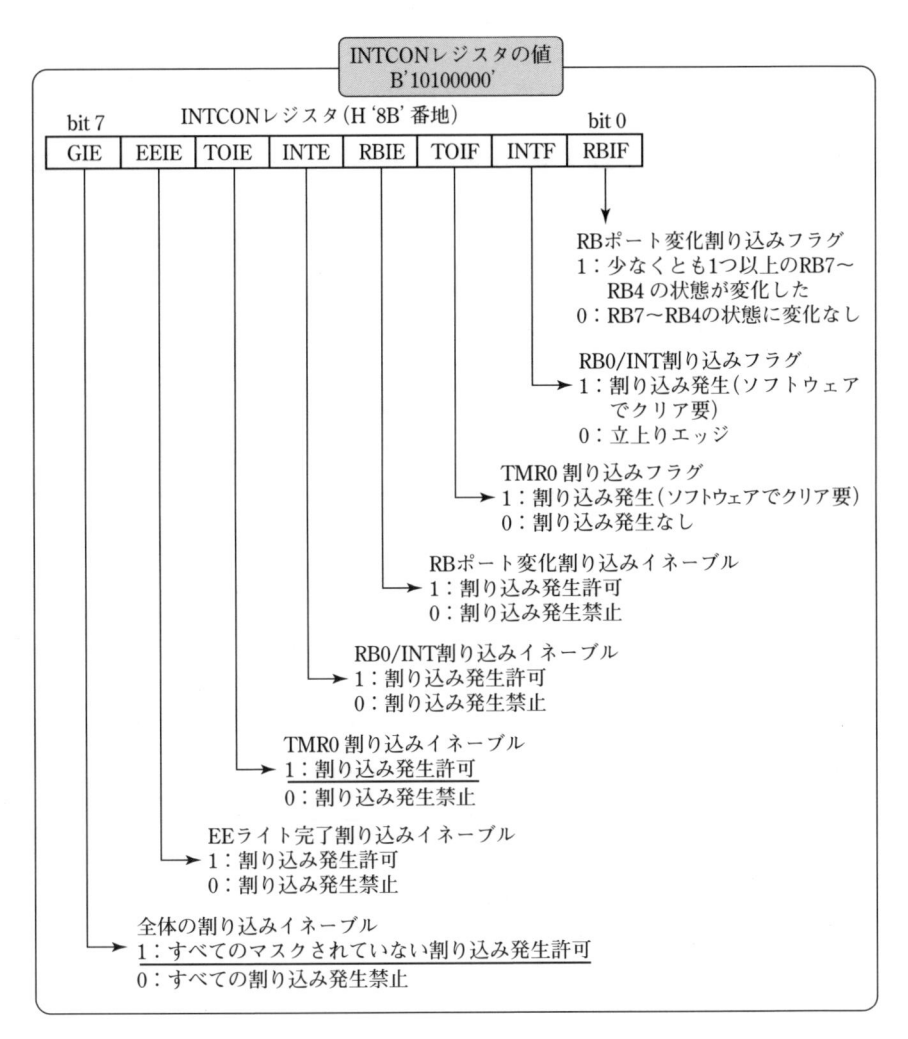

　全体の割り込みイネーブル
→ 1：<u>すべてのマスクされていない割り込み発生許可</u>
　0：すべての割り込み発生禁止

図 8·5 INTCONレジスタのビット構成

(5) **割り込み処理をする。**───────

　必要な割り込み処理をする。

(6) **割り込み処理から復帰する。**───────

　TMR0のカウント値を再設定する。再設定をしないと次は0からカウントされ

る。Wレジスタなどファイルレジスタに退避したレジスタ値を復帰する。RETFIE命令で次の割り込みを許可し，プログラムをもとの場所に復帰する。

8・2 プログラムで動かそう

プログラミングの前に実機のポートについて確認する。

実機は，第7章ライントレースロボットと同じ接続にする。

(1) 1msの割り込みプログラム

> **例題8・1**
>
> 1msごとに割り込みがかかり，PORTBの値を＋1する流れ図とプログラムを作りシミュレーション実行する。

流れ図を図8・6，プログラムをリスト8・1に示す。MPLABでシミュレーション実行するときには，割り込み先頭番地（4番地）にBreak Point(s)を設定してストップウォッチでタイマ割り込み時間を確認する。

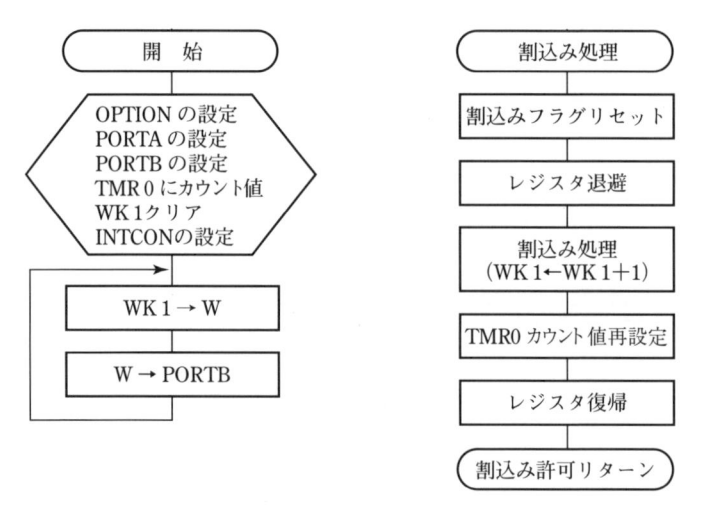

図8・6 例題8・1の流れ図

リスト8・1

```
;  ─────────────────────────────────────────────
;   例題8・1   1mS毎に割り込みがかかり，
;              PORTBの値を＋1する    [ex08_01.asm]
;  ─────────────────────────────────────────────
;   OPTION_REGの設定 (B'10000101')
;        PORT B          プルアップしない         1
;        INTピン          立下り                  0
;        TMR0            内部クロック             0
;        TMR0のエッジ     立上がり                0
;        プリスケーラ     TMR0使用                0
;        プリスケーラの値  64                    101
;
;  ─────────────────────────────────────────────
OP_SET   EQU     B'10000101'    ; OPTION_REGの値
T1       EQU     D'217'         ; タイム定数[256－INT{1ms／(0.4μs*64)}]
SHEL_W   EQU     H'0C'          ; Wレジスタ退避場所
SHEL_S   EQU     H'0D'          ; STATUSレジスタ退避場所

WK1      EQU     H'0E'          ; 出力データ
;  ─────────────────────────────────────────────
         INCLUDE P16F84A.INC    ; 標準ヘッダファイルの取込み
;  ─────────────────────────────────────────────
         ORG     H'00'          ; 00番地に指定
         GOTO    INITI          ; 初期設定へ
;  ─────────────────────────────────────────────
         ORG     H'04'          ; 割り込み先頭番地
         GOTO    INT_SUB        ; 割り込み処理へ
;  ─────────────────────────────────────────────
INITI                           ; 初期設定
         BSF     STATUS,RP0     ; バンク1に変更
         MOVLW   OP_SET         ; OPTION_REGのデータB'10000101'
         MOVWF   OPTION_REG     ; OPTION_REGに設定

         MOVLW   B'00011111'    ; "0"は出力／"1"は入力
         MOVWF   TRISA          ; PORTAの設定
         CLRF    TRISB          ; PORTBの設定(全て出力)
         BCF     STATUS,RP0     ; バンク0に変更

         MOVLW   T1             ; TMR0のデータD'217'
         MOVWF   TMR0           ; TMR0にカウント値設定
```

```
                CLRF    WK1             ; 出力データクリア

        INT_E                           ; 割り込み許可の設定
                BSF     INTCON,T0IE     ; タイマ割り込み許可(T0IE EQU D'5')
                BSF     INTCON,GIE      ; 全体割り込み許可(GIE EQU D'7')
;————————————————————————————————————————
        MAIN    MOVF    WK1,W           ; W←出力データ
                MOVWF   PORTB           ; データ出力
                GOTO    MAIN            ; "MAIN"へ

;————————————————————————————————————————
        INT_SUB                         ; 割り込み処理サブルーチン

                BCF     INTCON,T0IF     ; TMR0 の割り込みフラグ リセット

                MOVWF   SHEL_W          ; W_REG 退避
                SWAPF   STATUS,W        ; STATUS_REG 退避 1
                MOVWF   SHEL_S          ; STATUS_REG 退避 2

                INCF    WK1,F           ; 割り込み処理

                MOVLW   T1              ; TMR0 のデータ D'217'
                MOVWF   TMR0            ; TMR0 にカウント値再設定

                SWAPF   SHEL_S,W        ; STATUS_REG 復帰 1
                MOVWF   STATUS          ; STATUS_REG 復帰 2
                SWAPF   SHEL_W,F        ; W_REG 復帰 1
                SWAPF   SHEL_W,W        ; W_REG 復帰 2

                RETFIE                  ; 割り込み許可リターン

                END                     ; プログラムの終了
```

覚えよう！ PIC の命令

[27] **RETFIE** 命令（RETurn From IntErrupt の略）
 《 例 》RETFIE
 《 意味 》割り込み処理から復帰すると同時に，グローバル割り込みを許可する。

課題

8・1 25msごとに割り込みがかかり，PORTBの値を＋1する流れ図とプログラムを作りシミュレーション実行する。

［ヒント］ プリスケーラのレートを256に設定するとTMR0のカウント値は，$256 - \text{INT}\{25\text{ms} \div (0.4\mu\text{s} \times 256)\} \fallingdotseq 12$ 回となる。

(2) ライントレースロボットのプログラム

例題 8・2

割り込み処理の中にライントレースのプログラムを組み込んだ流れ図とプログラムを作り実行する。

メインルーチンには「第9章パフォーマンスロボット」のプログラムを組み込む予定であるが，ここでは何もしない。

流れ図を図8・7，プログラムをリスト8・2に示す。

リスト 8・2

```
;―――――――――――――――――――――――――
;   例題8・2  割り込みのライントレースロボット   [ex08_02.asm]
;―――――――――――――――――――――――――
;   OPTION_REGの設定（B'10000101'）
;       PORT B          プルアップしない        1
;       INTピン         立下り                  0
;       TMR0            内部クロック            0
;       TMR0のエッジ    立上がり                0
;       プリスケーラ    TMR0使用                0
;       プリスケーラの値 64                     101
;
;―――――――――――――――――――――――――
OP_SET  EQU     B'10000101'  ; OPTION_REGの値
T1      EQU     D'217'       ; タイム定数[256-INT{1ms/(0.4μs*64)}]
SHEL_W  EQU     H'0C'        ; Wレジスタ退避場所
SHEL_S  EQU     H'0D'        ; STATUSレジスタ退避場所

B_SEN   EQU     H'13'        ; 直前のデータ
O_DATA  EQU     H'14'        ; 出力データ
WK      EQU     H'15'        ; 15番地をWKにする
```

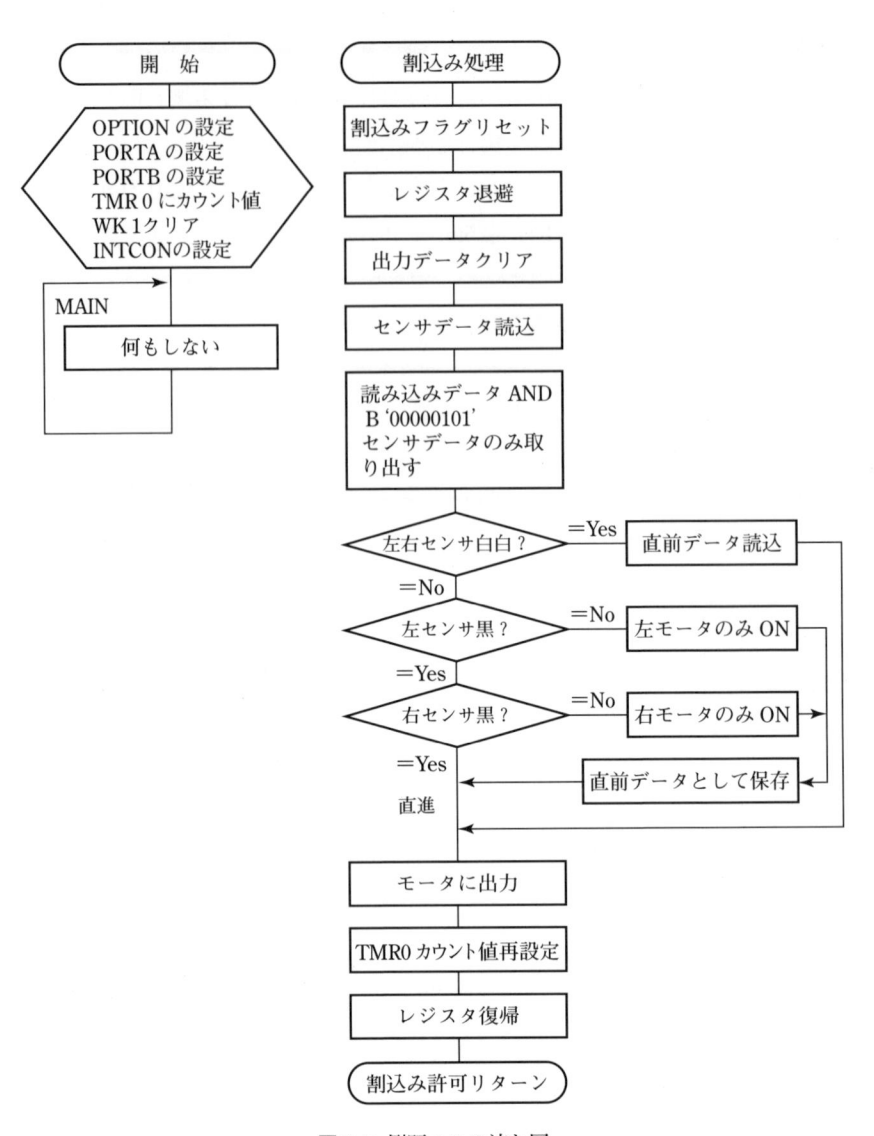

第8章 割り込み処理をしてみよう

```
         ┌──────────┐                    ┌──────────┐
         │  開  始  │                    │ 割込み処理│
         └──────────┘                    └──────────┘
              │                                │
      ┌───────────────┐               ┌──────────────────┐
     / OPTIONの設定   /               │ 割込みフラグリセット│
    /  PORTAの設定   /                └──────────────────┘
   /   PORTBの設定  /                          │
   \  TMR0にカウント値\                ┌──────────────────┐
    \  WK1クリア    \                 │  レジスタ退避     │
     \ INTCONの設定  \                └──────────────────┘
      └───────────────┘                         │
              │                        ┌──────────────────┐
         MAIN │                        │  出力データクリア  │
      ┌───────────────┐                 └──────────────────┘
      │   何もしない   │─┐                        │
      └───────────────┘ │                ┌──────────────────┐
              │         │                │ センサデータ読込  │
              └─────────┘                └──────────────────┘
                                                 │
                                        ┌──────────────────┐
                                        │ 読み込みデータ AND │
                                        │ B'00000101'      │
                                        │ センサデータのみ取 │
                                        │ り出す            │
                                        └──────────────────┘
                                                 │
                                         ╱ 左右センサ ╲ =Yes    ┌──────────────┐
                                         ╲ 白白？    ╱────────▶│ 直前データ読込│
                                             │ =No              └──────────────┘
                                         ╱ 左センサ  ╲ =No     ┌──────────────┐
                                         ╲   黒？    ╱────────▶│ 左モータのみON│
                                             │ =Yes             └──────────────┘
                                         ╱ 右センサ  ╲ =No     ┌──────────────┐
                                         ╲   黒？    ╱────────▶│ 右モータのみON│
                                             │ =Yes             └──────────────┘
                                          直進                 ┌──────────────────┐
                                             │◀────────────── │ 直前データとして保存│
                                             │                └──────────────────┘
                                             │
                                        ┌──────────────────┐
                                        │   モータに出力    │
                                        └──────────────────┘
                                                 │
                                        ┌──────────────────┐
                                        │TMR0カウント値再設定│
                                        └──────────────────┘
                                                 │
                                        ┌──────────────────┐
                                        │  レジスタ復帰    │
                                        └──────────────────┘
                                                 │
                                        ┌──────────────────┐
                                        │ 割込み許可リターン│
                                        └──────────────────┘
```

図8・7 例題8・2の流れ図

```
;   ─────────────────────────────
            INCLUDE  P16F84A.INC    ; 標準ヘッダファイルの取込み
;   ─────────────────────────────
            ORG      H'00'          ; 00番地に指定
            GOTO     INITI          ; 初期設定へ
;   ─────────────────────────────
            ORG      H'04'          ; 割り込み先頭番地
            GOTO     INT_SUB        ; 割り込み処理へ
;   ─────────────────────────────
    INITI                           ; 初期設定
            BSF      STATUS,RP0     ; バンク1
            MOVLW    OP_SET         ; OPTION_REGのデータB'10000101'
            MOVWF    OPTION_REG     ; OPTION_REGに設定

            MOVLW    B'00011111'    ; "0"は出力／"1"は入力
            MOVWF    TRISA          ; PORTAの設定
            CLRF     TRISB          ; PORTBの設定（全て出力）
            BCF      STATUS,RP0     ; バンク0

            MOVLW    T1             ; TMR0のデータD'217'
            MOVWF    TMR0           ; TMR0にカウント値設定

    INT_E                           ; 割り込み許可の設定
            BSF      INTCON,T0IE    ; タイマ割り込み許可(T0IE EQU D'5')
            BSF      INTCON,GIE     ; 全体割り込み許可(GIE EQU D'7')
;   ─────────────────────────────
    MAIN    NOP                     ; 何もしない
            GOTO     MAIN           ; "MAIN"へ
;   ─────────────────────────────
    INT_SUB                         ; 割り込み処理サブルーチン
            BCF      INTCON,T0IF    ; TMR0の割り込みフラグ　リセット

            MOVWF    SHEL_W         ; W_REG退避
            SWAPF    STATUS,W       ; STATUS_REG退避1
            MOVWF    SHEL_S         ; STATUS_REG退避2

            CLRF     O_DATA         ; 出力データクリア
            MOVF     PORTA,W        ; センサデータ読み込み
            ANDLW    05H            ; センサデータのみにする(ANDマスク)
            BTFSC    STATUS,Z       ; 白・白チェック
            GOTO     Z_L            ; 白・白の処理へ
```

```
              MOVWF    WK              ; WK ←センサデータ
              BTFSS    WK,0            ; 右センサチェック
              GOTO     R_M             ; 左センサのみ黒の処理へ
              BTFSS    WK,2            ; 左センサチェック
              GOTO     L_M             ; 右センサのみ黒の処理へ
              GOTO     O_L2            ; 黒・黒の処理へ

       R_M    BSF      O_DATA,2        ; 右モータ ON に設定
              GOTO     O_L1            ; 次の処理へ

       L_M    BSF      O_DATA,1        ; 左モータ ON に設定

       O_L1   MOVWF    B_SEN           ; 直前データとして保存
       O_L2   MOVWF    PORTB           ; モータに出力
              GOTO     INT_N1          ; 次の割り込み準備へ

       Z_L    MOVF     B_SEN,W         ; 直前データ読み込み
              GOTO     O_L2            ; モータ出力へ

       INT_N1 MOVLW    T1              ; TMR0 のデータ D'217'
              MOVWF    TMR0            ; TMR0 にカウント値再設定

              SWAPF    SHEL_S,W        ; STATUS_REG 復帰 1
              MOVWF    STATUS          ; STATUS_REG 復帰 2
              SWAPF    SHEL_W,F        ; W_REG 復帰 1
              SWAPF    SHEL_W,W        ; W_REG 復帰 2

              RETFIE                   ; 割り込み許可リターン

              END                      ; プログラムの終了
```

9 パフォーマンスロボットにチャレンジ

9・1 パフォーマンスロボットについて

　パフォーマンスロボットは写真9・1のようにライントレースロボットの上位部にアイディアと工夫を凝らした動き（パフォーマンス）のあるものを載せ，ライントレースしながらパフォーマンスを演じるロボットである。

写真9・1　パフォーマンスロボット

　パフォーマンス部分は，ペットボトルや空き缶，牛乳パックなどの身近な物をリサイクルして自由に作ると面白い。
　ここでは，ペットボトルとDCモータを利用して写真9・2のようなDCモータの回転運動をそのまま利用したヘリコプタと写真9・3のようなDCモータの回転運動を往復運動に変換した動物？のようなものをパフォーマンス部分として工作する。

写真9・2 ヘリコプタ部

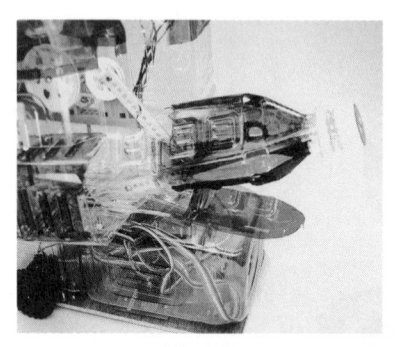

(a) 頭部 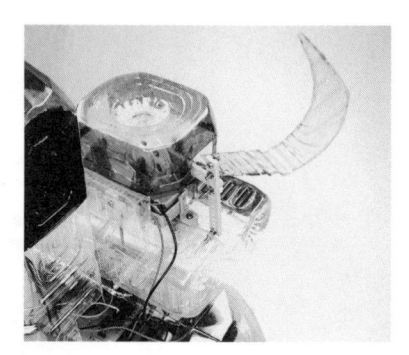　　　　　　　　　(b) 尾部

写真9・3 動物（？）部

9・2　工作と動作チェック

　パフォーマンス部分に使用する部品を表9・1に示す．不足しているものはないか確かめよう．

(1) ペットボトルとDCモータでヘリコプタを作ろう

　写真9・4のようにDCモータにノイズ防止用コンデンサとリード線（長めに50cm程度）をはんだ付けする．リード線の反対側は3端子コネクタにし，組み立て後，駆動ボードのOUT1に接続する．

　おもちゃ屋で購入したヘリコプタ（写真9・5）の本体についているゴムを外し，

表9・1 パフォーマンス部分の部品表

記号	品　名	型・値	数量	標準的な単価（円）
	ペットボトル	1.5ℓ用	3	
	ペットボトル	500mℓ用	4	
LED1, 2	LED 青	豊田合成 E1L51-3B	2	160×2＝320
	プーリーユニットセット	タミヤ ITEM70121	1	600
	ユニバーサルアームセット	タミヤ ITEM70143	1	350
	ネジ 他		少々	
合　計				1270

写真9・4　ノイズ防止用コンデンサの接続

回転部分のみを取り出す．ゴムをかけるフックをニッパで切断してから写真9・6のように中心にϕ2mmの穴（深さ15mm程度）をあける．この穴にDCモータの軸を差し込み，DCモータが滑らかに回転することを確認する．

写真9・5　ヘリコプタ

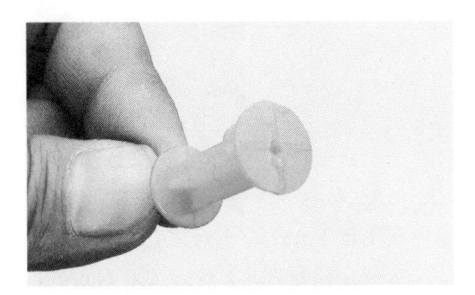

写真9・6　モータ軸取り付け部の加工

ペットボトル①（1.5ℓ用）を写真9・7のように注ぎ口より約20cmのところより切り取る。ペットボトルを切る前にキリトリセンをマジックインクなどで描いておくとよい。ペットボトルはカッターナイフやハサミで切り取れるが，指や手を切らないように注意する。

写真9・7 ペットボトル①の加工

別のペットボトル②（1.5ℓ用）を写真9・8のように四角く切り取る。

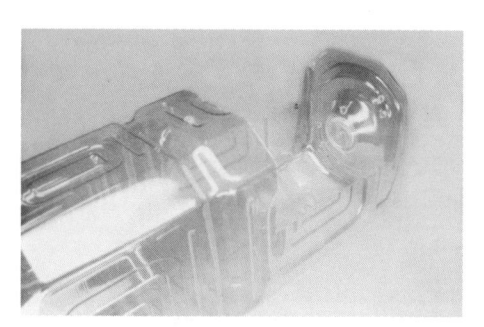

写真9・8 ペットボトル②の加工

ペットボトル②を土台にして，注ぎ口にDCモータを乗せ，上からペットボトル①を写真9・9のように組み合わせてしっかりはめ込む。ヘリコプタの軸がペットボトル①の注ぎ口の中心に出るようにする。DCモータが滑らかに回転すれば完成。

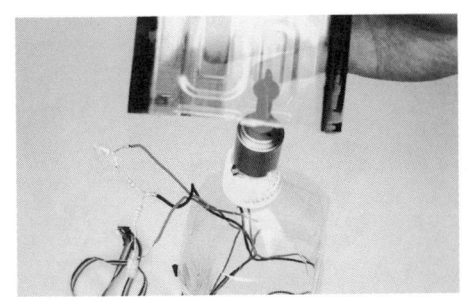

写真9・9 ペットボトル①と②の組み合せ

(2) LEDをつけて目を作ろう

図9・1のようなLED回路を作り，写真9・10のようにペットボトル①に取り付け，接着剤を使い固定する。

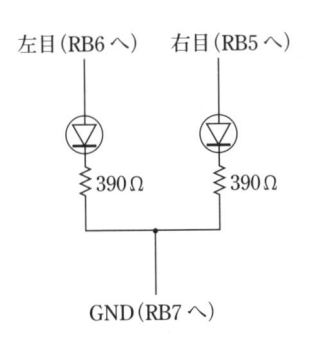

図9・1 LEDを使った目の回路

写真9・10 目（LED）の取り付け

取り付け穴はキリで小さな穴をあけてから，カッターナイフで十文字に切る。

ペットボトルにキリで穴をあけるときは，キリの先が滑りやすいので手を切らないように注意する。

基板側はPICメインボードのRB5～RB7に接続するのでコンタクトにする。

(3) ペットボトルとDCモータで口としっぽを作ろう

写真9・11のような田宮模型のプーリーユニットセットを組み立てる。

写真 9・11　プーリーユニットセット

　組み立て方は箱の中にある説明書を参考にする。
　一段目のプーリーは，部品番号 L3（直径 50mm）と部品番号 L2（直径 25mm）を組み合わせて作り，二段目のプーリーは，部品番号 K3（直径 30mm）を使用する。組み立て終わると写真 9・12 のようになる。

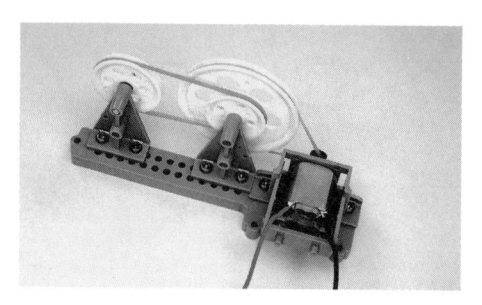

写真 9・12　プーリーユニットセットの組み立て

　ペットボトル③（500mℓ用）を底から 20cm のところで切り取る。プーリーユニットセットの土台にする。組み立てたプーリーユニットセットを写真 9・13 のようにペットボトル③に 3mm のビスとナット 2 ヶ所で取り付ける。ペットボトルに取り付け穴をあけるときは，キリを使うとよい。
　プーリーの回転運動を往復運動に変換するために，田宮模型のユニバーサルアームセット（写真 9・14）の I 形アームを利用して写真 9・15 のように工作する。I 形アームはニッパで切るとよい。

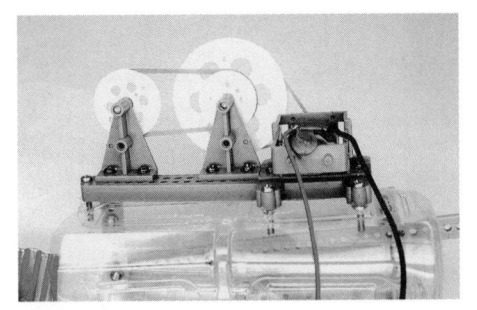

写真9・13 プーリーユニットセットの取り付け

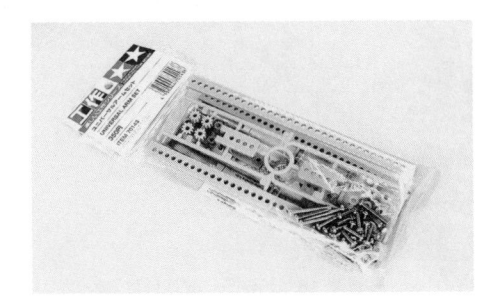

写真9・14 ユニバーサルアームセット

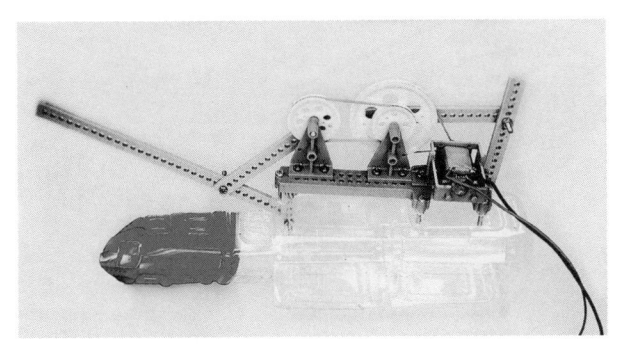

写真9・15 I形アームの取り付け

　口の部分は，ペットボトル④（500m ℓ 用）を写真9・16および写真9・17のように，上あごと下あごの部分に分けるようにして切り取る。上あごの部分は上下運動するので，写真9・16のようにI形アームに差し込み，根元に穴をあけてペ

ットボトル③にゴムで繋ぐ。上あごが落ちない程度にゴムはゆるめでよい。下あごの部分を写真9·17のようにペットボトル③に接着する。ペットボトル専用の接着剤で接着するとよい。

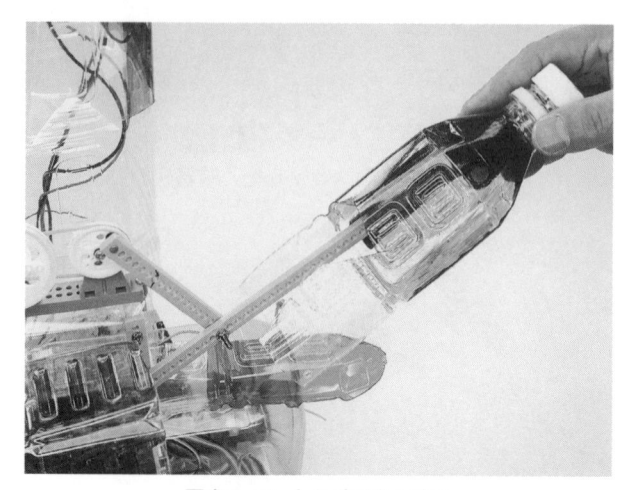

写真9·16 上あごの取り付け

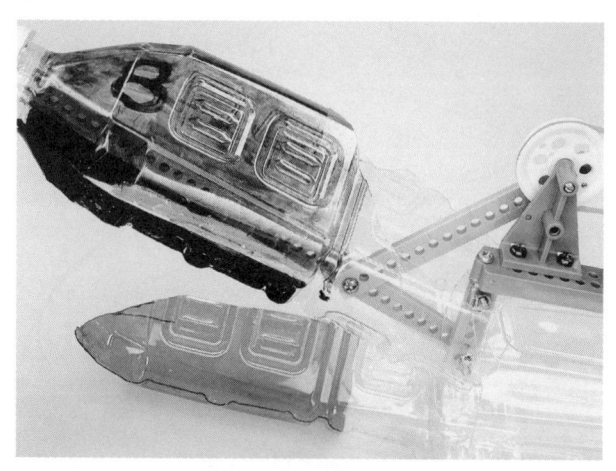

写真9·17 下あごの取り付け

しっぽの部分は，ペットボトルをしっぽに見えるように適当に切り，写真9・18のようにビスでしっかり留める。しっぽはかなり動くのでペンチなどを使ってゆるまないように取り付ける。

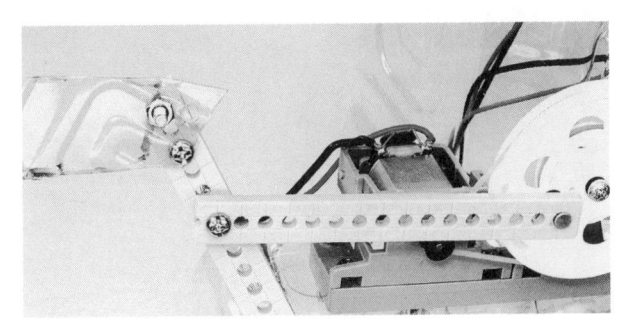

写真9・18　しっぽの取り付け

上あごとしっぽがうまく動くことをDCモータに3Vの電圧を加えてテストしてみる。うまくいかない場合は，I形アームの長さや留める位置をずらしてみる。

背中の部分を取り付けるために，ペットボトル⑤（500mℓ用）を底から20cmのところで切り取り，写真9・19のようにペットボトル③にビスとI形アームで取り付ける。

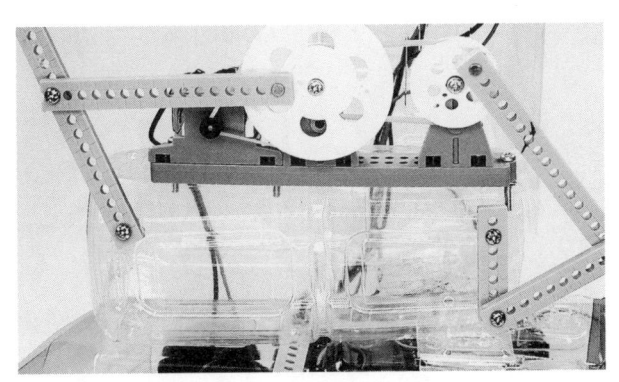

写真9・19　ペットボトル⑤の取り付け

ペットボトル①の残り部分を底から15cm程度のところで切り，写真9・20の

148 第9章 パフォーマンスロボットにチャレンジ

写真9・20 ペットボトル①の加工

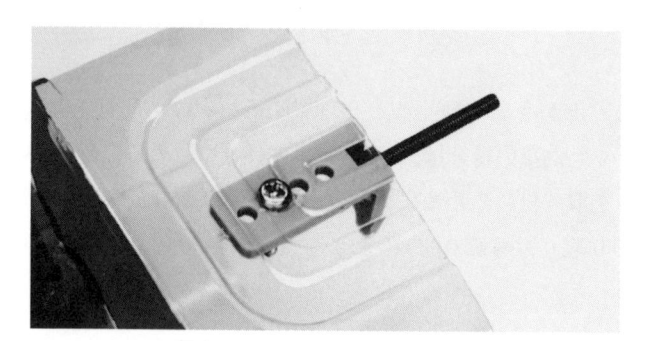

写真9・21 L形アームの取り付け

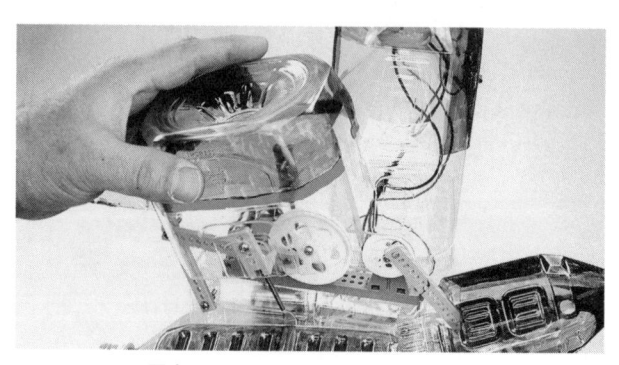

写真9・22 ペットボトル③④の加工

ようにモータやプーリーにあたらないように隅を切り取る。

取り付け用にユニバーサルアームセットのL形アームを写真9・21のようにペットボトル⑤にビスで固定する。

背中部分（ペットボトル⑤）を乗せるために，ペットボトル③および④にキリで穴をあけ，写真9・22のようにビスで取り付ける。

(4) パフォーマンスロボットを組み立てよう

ペットボトル⑥（1.5ℓ用）を写真9・23のように切り取る。中に基板が入ることを考え，大き目に切り取るが，全体の土台となるので強度が弱くならないように工夫する。また，外側部分は，タイヤなどに触れないよう大きめに切り落とすとよい。

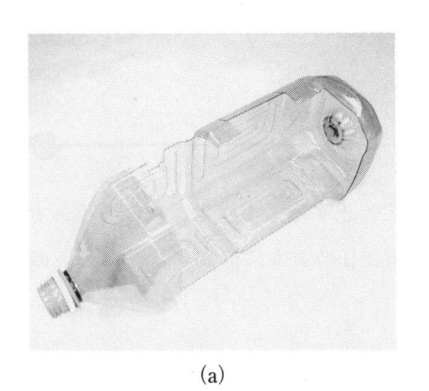

(a)　　　　　　　　　　　　　　(b)

写真9・23　ペットボトル⑥の加工

第7章で工作したライントレースロボットの基板類をすべて外し，パフォーマンス部分を写真9・24のように載せる。それぞれのパフォーマンス部分は3mmの皿ビスでフレームに2ヶ所ずつ留める。フレームとペットボトルの取り付け穴はキリであけるとよい。

パフォーマンス部分のペットボトル②と③を3mmのビスで1ヶ所留める。パフォーマンス部分を個々に3V（単三電池2本）で動作させてみる。不具合がなければOK。図9・2のようにそれぞれの基板やパフォーマンス部分を接続し，フレームに載せる。

写真9・24 パフォーマンス部の取り付け

9・3 プログラムで動かそう

プログラミングの前に実機のポートについて確認する。実機は，PICメインボード，駆動ボード，センサボードを使用し，図9・2のように構成する。ポートの割り当てを表9・2に示す。

表9・2 ポートの割り当て

PIC	RA4	RA3	RA2	RA1	RA0	RB7	RB6	RB5	RB4	RB3	RB2	RB1	RB0
入出力	—	—	SEN2	—	SEN1	MG	ML	MR	—	DB3	DB2	DB1	DB0
対象	—	—	センサ2(左)	—	センサ1(右)	GND(目)	左目	右目	—	動物	モータ(右)	ヘリコプタ	モータ(左)

実機にパフォーマンス部分を載せて，ライントレースをすることを確認する。第7章で作った例題7・1の「ライントレースロボット」のプログラムを実行する。このとき，パフォーマンス部分のバランスや基板類の不具合がないかを走行中に確認する。

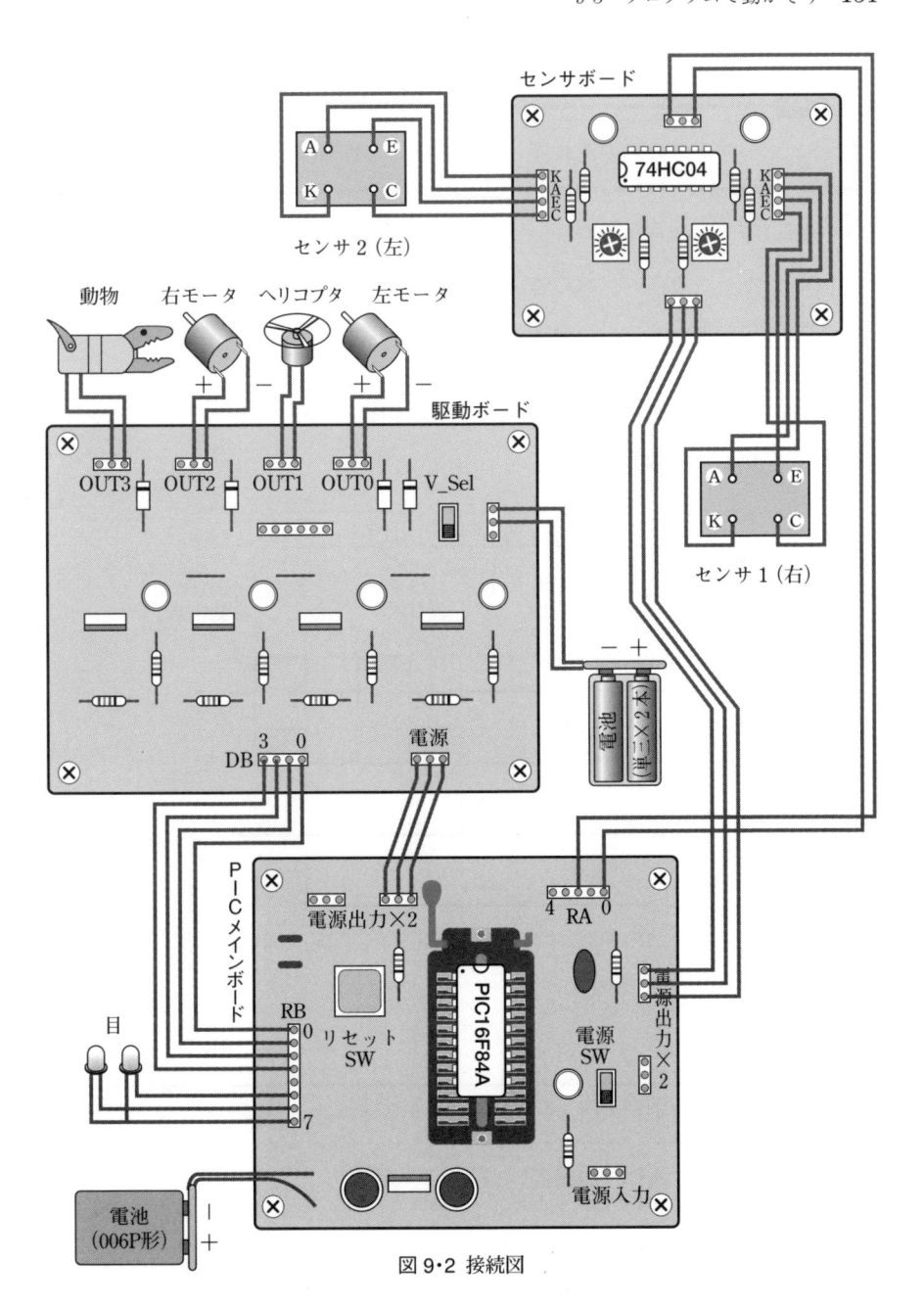

9·3 プログラムで動かそう　**151**

図 9·2　接続図

(1) パフォーマンスのみのプログラム

例題 9・1

パフォーマンスのみの流れ図とプログラムを作り実行する。

パフォーマンス演技はすべて同時に行うのでは面白みがないので，図9・3ようなタイムチャートを作り，どの時点でパフォーマンス演技させるかを考える．小説に起承転結があるように，パフォーマンスロボットの演技にも物語があると見る人にとっては楽しい！

図9・3のタイムチャートより流れ図を作ると図9・4のようになる．プログラム例をリスト9・1に示す．

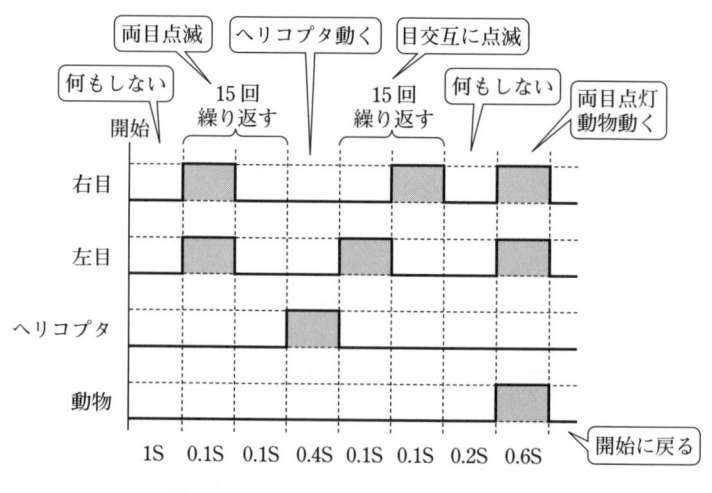

図 9・3 パフォーマンスのタイムチャート

リスト 9・1

```
;
; 例題9・1  パフォーマンスのみのプログラム     [ex09_01.asm]
;
;    RB1：ヘリコプタ      RB5：右目
;    RB3：動物            RB6：左目
;    RB7：GND
;
```

9·3 プログラムで動かそう **153**

```
開始
  ↓
◇ PORTAの設定
  PORTBの設定
  PORTBのクリア
  PFCのクリア ◇
  ↓
[ W ← 10 ]
  ↓
[ サブルーチン TIM へ ]
  ↓
[ PFC ← 15 ]
  ↓
→[ 両目点灯 ]
  ↓
[ W ← 1 ]
  ↓
[ サブルーチン TIM へ ]
  ↓
[ 両目消灯 ]
  ↓
[ W ← 1 ]
  ↓
[ サブルーチン TIM へ ]
  ↓
◇ PFC ← PFC − 1
  PFC=0 ? ◇ — No →(ループ上へ)
  ↓ Yes
[ ヘリコプタ ON ]
  ↓
[ W ← 4 ]
  ↓
[ サブルーチン TIM へ ]
  ↓
 ①

①
  ↓
[ ヘリコプタ OFF ]
  ↓
[ PFC ← 15 ]
  ↓
→[ 左目点灯 右目消灯 ]
  ↓
[ W ← 1 ]
  ↓
[ サブルーチン TIM へ ]
  ↓
[ 左目消灯 右目点灯 ]
  ↓
[ W ← 1 ]
  ↓
[ サブルーチン TIM へ ]
  ↓
◇ PFC ← PFC − 1
  PFC=0 ? ◇ — No →(ループ上へ)
  ↓ Yes
[ 右目消灯 ]
  ↓
[ W ← 2 ]
  ↓
[ サブルーチン TIM へ ]
  ↓
[ 両目点灯 動物 ON ]
  ↓
[ W ← 6 ]
  ↓
[ サブルーチン TIM へ ]
  ↓
[ 両目消灯 動物 OFF ]
  ↓
 (開始直後の PORTA 設定下へ戻る)
```

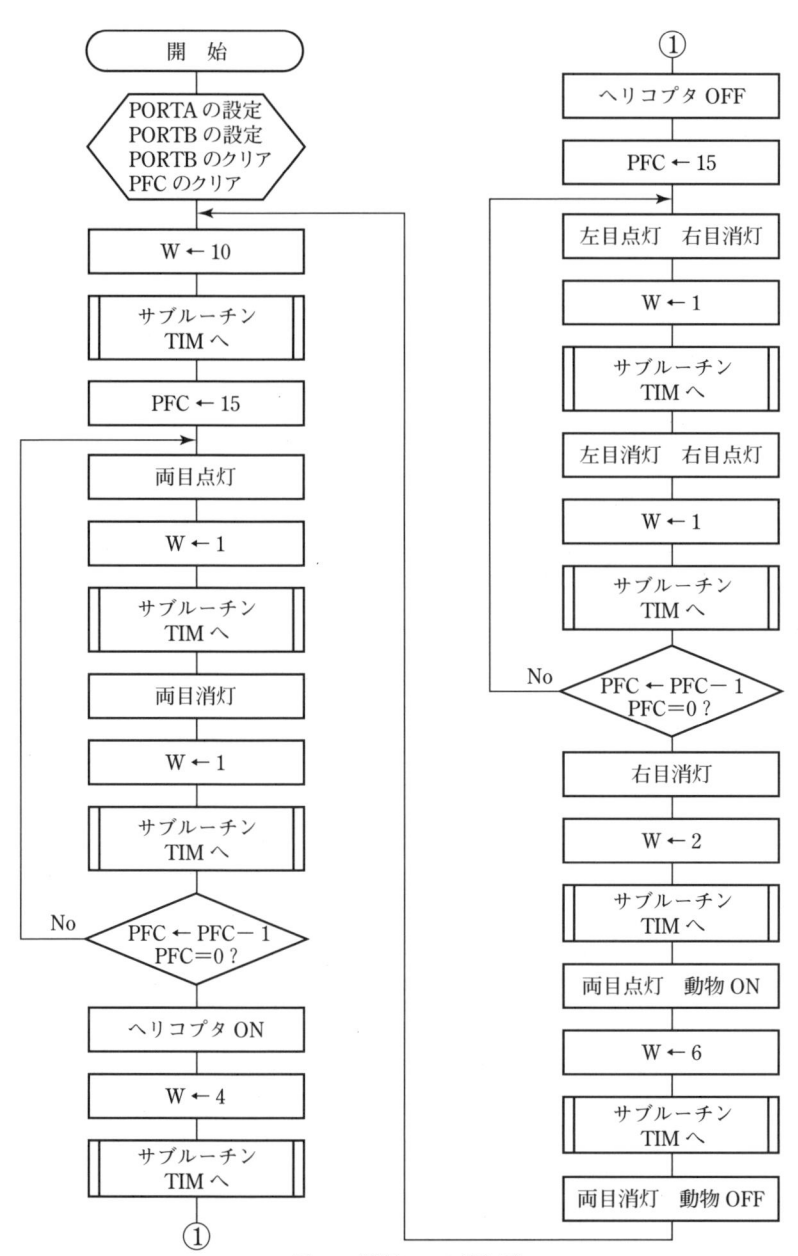

図 9·4 例題 9·1 の流れ図

```
;--------------------------------
CNT1    EQU     H'10'           ; P_TimerCount
CNT2    EQU     H'11'           ; P_TimerCount
CNT3    EQU     H'12'           ; P_TimerCount
O_DATA  EQU     H'14'           ; 出力データ
PFC     EQU     H'17'           ; パフォーマンス回数
;--------------------------------
        INCLUDE P16F84A.INC     ; 標準ヘッダファイルの取込み
;--------------------------------
        ORG     H'00'           ; 00番地に指定
        GOTO    INITI           ; 初期設定へ
;--------------------------------
INITI                           ; 初期設定
        BSF     STATUS,RP0      ; バンク1に変更

        MOVLW   B'00011111'     ; "0"は出力／"1"は入力
        MOVWF   TRISA           ; PORTAの設定
        CLRF    TRISB           ; PORTBの設定（全て出力）
        BCF     STATUS,RP0      ; バンク0に変更

        CLRF    PORTB           ; PORTBクリア
        CLRF    PFC             ; パフォーマンス回数クリア
;--------------------------------
MAIN    MOVLW   D'10'           ; 1S何もしない
        CALL    TIM             ; タイマサブルーチンへ

        MOVLW   D'15'           ; 両目を15回点滅
        MOVWF   PFC             ; PFC←回数

PF_LP1  BSF     PORTB,6         ; 左目点灯
        BSF     PORTB,5         ; 右目点灯
        MOVLW   D'1'            ; 0.1S
        CALL    TIM             ; タイマサブルーチンへ

        BCF     PORTB,6         ; 左目消灯
        BCF     PORTB,5         ; 右目消灯
        MOVLW   1               ; 0.1S
        CALL    TIM             ; タイマサブルーチンへ

        DECFSZ  PFC,F           ; パフォーマンス回数－1
        GOTO    PF_LP1          ; PF_LP1へ
```

```
            BSF     PORTB,1         ; ヘリコプタ回転
            MOVLW   4               ; 0.4S
            CALL    TIM             ; タイマサブルーチンへ

            BCF     PORTB,1         ; ヘリコプタ停止

            MOVLW   D'15'           ; 片目15回点滅
            MOVWF   PFC             ; パフォーマンス回数設定
PF_LP2      BSF     PORTB,6         ; 左目点灯
            BCF     PORTB,5         ; 右目消灯
            MOVLW   D'1'            ; 0.1S
            CALL    TIM             ; タイマサブルーチンへ

            BCF     PORTB,6         ; 左目消灯
            BSF     PORTB,5         ; 右目点灯
            MOVLW   D'1'            ; 0.1S
            CALL    TIM             ; タイマサブルーチンへ

            DECFSZ  PFC,F           ; パフォーマンス回数－1
            GOTO    PF_LP2          ; PF_LP2へ

            BCF     PORTB,5         ; 右目消灯
            MOVLW   D'2'            ; 0.2S
            CALL    TIM             ; タイマサブルーチンへ

            BSF     PORTB,6         ; 左目点灯
            BSF     PORTB,5         ; 右目点灯
            BSF     PORTB,3         ; 動物動く
            MOVLW   D'6'            ; 0.6S
            CALL    TIM             ; タイマサブルーチンへ

            BCF     PORTB,6         ; 左目消灯
            BCF     PORTB,5         ; 右目消灯
            BCF     PORTB,3         ; 動物停止

            GOTO    MAIN            ; "MAIN"へ

;--------------------------------------------------------
;   タイマサブルーチン
;--------------------------------------------------------
```

```
; 0.4mS ─────────────────
TIM4M    MOVLW    D'249'           ; ループカウント 249 回
         MOVWF    CNT1             ; 1＋1＝2
TIMLP1   NOP                       ; 何もしない
         DECFSZ   CNT1,F           ; CNT1←CNT1－1 ゼロで次をスキップ
         GOTO     TIMLP1           ; (1＋1＋2)×249－1＝995
         RETURN                    ; 2＋995＋2＝999 999×0.4μS≒0.4mS
; 100mS ─────────────────
TIM100   MOVLW    D'249'           ; ループカウント 249 回
         MOVWF    CNT2             ; カウント値設定
TIMLP2   CALL     TIM4M            ; TIM4M へ
         DECFSZ   CNT2,F           ; CNT2←CNT2－1 ゼロで次をスキップ
         GOTO     TIMLP2           ; TIMLP2 へ
         RETURN                    ; サブルーチンから戻る
; TIM ────────────────── W に時間
TIM      MOVWF    CNT3             ; タイマカウント設定
TIMLP3   CALL     TIM100           ; TIM100 へ
         DECFSZ   CNT3,F           ; CNT3←CNT3－1 ゼロで次をスキップ
         GOTO     TIMLP3           ; TIMLP3 へ
         RETURN                    ; サブルーチンから戻る

         END                       ; プログラムの終了
```

覚えよう！ **PIC の命令**

[28] **IORWF 命令**（Inclusive OR W with F の略）
《 例 》 IORWF   PF,W
《 意味 》 PF と W レジスタの論理和を計算し，結果を W レジスタに入れる。第2オペランドが F の場合，PF に入れる。

(2) パフォーマンスロボットのプログラム ─────────

例題 9・2

パフォーマンスロボットのプログラムを作り実行する。

パフォーマンスロボットのプログラムは，ライントレースロボットのプログラムとパフォーマンスのみのプログラムを合体すればよいが，タイマルーチンなど

9·3 プログラムで動かそう

が複雑になるため，割り込み処理を使いプログラムを単純化する。ライントレース部を割り込み処理（例題8·2）で実行し，メイン処理でパフォーマンス部分を実行する。プログラム例をリスト9·2に示す。

リスト9·2

```
;
;       例題9·2  割り込みのパフォーマンスロボット    [ex09_02.asm]
;
;       OPTION_REGの設定（B'10000101'）
;               PORT B          プルアップしない        1
;               INTピン         立下り                  0
;               TMR0            内部クロック            0
;               TMR0のエッジ    立上がり                0
;               プリスケーラ    TMR0使用                0
;               プリスケーラの値  64                    101
;
;
OP_SET  EQU     B'10000101'     ; OPTION_REGの値
T1      EQU     D'217'          ; タイム定数[256－INT{1ms/(0.4μs＊64)}]
SHEL_W  EQU     H'0C'           ; Wレジスタ退避場所
SHEL_S  EQU     H'0D'           ; STATUSレジスタ退避場所

CNT1    EQU     H'10'           ; P_TimerCount
CNT2    EQU     H'11'           ; P_TimerCount
CNT3    EQU     H'12'           ; P_TimerCount

B_SEN   EQU     H'13'           ; 直前のデータ
O_DATA  EQU     H'14'           ; 出力データ
WK      EQU     H'15'           ; WK
PF      EQU     H'16'           ; パフォーマンスデータ
PFC     EQU     H'17'           ; パフォーマンス回数
;
        INCLUDE P16F84A.INC     ; 標準ヘッダファイルの取込み
;
        ORG     H'00'           ; 00番地に指定
        GOTO    INITI           ; 初期設定へ
;
        ORG     H'04'           ; 割り込み先頭番地
        GOTO    INT_SUB         ; 割り込み処理へ
;
INITI                           ; 初期設定
        BSF     STATUS,RP0      ; バンク1に変更
```

```
            MOVLW    OP_SET           ; OPTION_REG のデータ B'10000101'
            MOVWF    OPTION_REG       ; OPTION_REG に設定

            MOVLW    B'00011111'      ; "0"は出力／"1"は入力
            MOVWF    TRISA            ; PORTA の設定
            CLRF     TRISB            ; PORTB の設定（全て出力）
            BCF      STATUS,RP0       ; バンク0に変更

            MOVLW    T1               ; TMR0 のデータ D'217'
            MOVWF    TMR0             ; TMR0 にカウント値設定

            CLRF     PF               ; パフォーマンスデータクリア
            CLRF     PFC              ; パフォーマンス回数クリア

    INT_E                             ; 割り込み許可の設定
            BSF      INTCON,T0IE      ; タイマ割り込み許可(T0IE EQU D'5')
            BSF      INTCON,GIE       ; 全体割り込み許可(GIE EQU D'7')
;
    MAIN    MOVLW    D'10'            ; 1S何もしない
            CALL     TIM              ; タイマサブルーチンへ

            MOVLW    D'15'            ; 両目を15回点滅
            MOVWF    PFC              ; パフォーマンス回数設定

    PF_LP1  BSF      PF,6             ; 左目点灯
            BSF      PF,5             ; 右目点灯
            MOVLW    D'1'             ; 0.1S
            CALL     TIM              ; タイマサブルーチンへ

            BCF      PF,6             ; 左目消灯
            BCF      PF,5             ; 右目消灯
            MOVLW    D'1'             ; 0.1S
            CALL     TIM              ; タイマサブルーチンへ

            DECFSZ   PFC,F            ; パフォーマンス回数－1
            GOTO     PF_LP1           ; PF_LP1 へ


            BSF      PF,1             ; ヘリコプタ回転
            MOVLW    D'4'             ; 0.4S
            CALL     TIM              ; タイマサブルーチンへ
```

```
              BCF     PF,1            ; ヘリコプタ停止

              MOVLW   D'15'           ; 片目 15 回点滅
              MOVWF   PFC             ; コメント追加？
      PF_LP2  BSF     PF,6            ; 左目点灯
              BCF     PF,5            ; 右目消灯
              MOVLW   D'1'            ; 0.1S
              CALL    TIM             ; タイマサブルーチンへ

              BCF     PF,6            ; 左目消灯
              BSF     PF,5            ; 右目点灯
              MOVLW   D'1'            ; 0.1S
              CALL    TIM             ; タイマサブルーチンへ

              DECFSZ  PFC,F           ; パフォーマンス回数－1
              GOTO    PF_LP2          ; PF_LP2 へ

              BCF     PF,5            ; 右目消灯
              MOVLW   D'2'            ; 0.2S
              CALL    TIM             ; タイマサブルーチンへ

              BSF     PF,6            ; 左目点灯
              BSF     PF,5            ; 右目点灯
              BSF     PF,3            ; 動物動く
              MOVLW   D'6'            ; 0.6S
              CALL    TIM             ; タイマサブルーチンへ

              BCF     PF,6            ; 左目消灯
              BCF     PF,5            ; 右目消灯
              BCF     PF,3            ; 動物停止

              GOTO    MAIN            ; "MAIN"へ

;————————————————
      INT_SUB                         ; 割り込み処理サブルーチン

              BCF     INTCON,T0IF     ; TMR0 の割り込みフラグ　リセット

              MOVWF   SHEL_W          ; W_REG 退避
              SWAPF   STATUS,W        ; STATUS_REG 退避 1
```

```
                MOVWF   SHEL_S          ; STATUS_REG 退避 2

                CLRF    O_DATA          ; 出力データクリア
                MOVF    PORTA,W         ; W←センサデータ
                ANDLW   05H             ; センサデータのみにする（AND マスク）
                BTFSC   STATUS,Z        ; 白・白チェック
                GOTO    Z_L             ; 白・白の処理へ
                MOVWF   WK              ; WK←センサデータ
                BTFSS   WK,0            ; 右センサチェック
                GOTO    L_M             ; 左センサのみ黒の処理へ
                BTFSS   WK,2            ; 左センサチェック
                GOTO    R_M             ; 右センサのみ黒の処理へ
                GOTO    O_L2            ; 黒・黒の処理へ

        L_M     BSF     O_DATA,0        ; 左モータ ON
                GOTO    O_L1            ; 次の処理へ

        R_M     BSF     O_DATA,2        ; 右モータ ON

        O_L1    MOVWF   B_SEN           ; 直前データとして保存
        O_L2    IORWF   PF,W            ; W と PF の論理和
                MOVWF   PORTB           ; モータとパフォーマンス出力
                GOTO    INT_N1          ; 次の割り込み準備へ

        Z_L     MOVF    B_SEN,W         ; 直前データ読み込み
                GOTO    O_L2            ; モータ出力へ

        INT_N1                          ; 次の割り込み準備
                MOVLW   T1              ; TMR0 のデータ D'217'
                MOVWF   TMR0            ; TMR0 にカウント値再設定

                SWAPF   SHEL_S,W        ; STATUS_REG 復帰 1
                MOVWF   STATUS          ; STATUS_REG 復帰 2
                SWAPF   SHEL_W,F        ; W_REG 復帰 1
                SWAPF   SHEL_W,W        ; W_REG 復帰 2

                RETFIE                  ; 割り込み許可リターン
```

;───
; タイマサブルーチン
;───

```
; 0.4mS ─────────────
TIM4M   MOVLW   D'249'          ; ループカウント 249 回
        MOVWF   CNT1            ; 1＋1＝2
TIMLP1  NOP                     ; 何もしない
        DECFSZ  CNT1,F          ; CNT1 ← CNT1 － 1 ゼロで次をスキップ
        GOTO    TIMLP1          ; (1＋1＋2)×249－1＝995
        RETURN                  ; 2＋995＋2＝999 999×0.4μS≒0.4mS

; 100mS ─────────────
TIM100  MOVLW   D'249'          ; ループカウント 249 回
        MOVWF   CNT2            ; カウント値設定
TIMLP2  CALL    TIM4M           ; TIM4M へ
        DECFSZ  CNT2,F          ; CNT2 ← CNT2 － 1 ゼロで次をスキップ
        GOTO    TIMLP2          ; TIMLP2 へ
        RETURN                  ; サブルーチンから戻る
; TIM ──────────────   Wに時間
TIM     MOVWF   CNT3            ; タイマカウント設定
TIMLP3  CALL    TIM100          ; TIM100 へ
        DECFSZ  CNT3,F          ; CNT3 ← CNT3 － 1 ゼロで次をスキップ
        GOTO    TIMLP3          ; TIMLP3 へ
        RETURN                  ; サブルーチンから戻る

        END                     ; プログラムの終了
```

10 プログラム開発用ソフトの使い方

10・1 MPLABのインストールと設定

　MPLABはPIC16／17シリーズ用のプログラム開発を支援するソフトで，その中には，ソースプログラムを書くための**エディタ**，ソースプログラムをアセンブルして機械語プログラムを生成する**アセンブラ**，プログラムを模擬実行してデバッグするための**シミュレータ**，PIC本体のROMに書き込むための制御をする**ライタプログラム**が含まれている。さらに，これらのプログラムを統合的に管理するプロジェクトマネージャなどが統合されて開発環境を提供する。

(1) インストールをしよう

　マイクロチップ・テクノロジー社よりダウンロードしたMPLABは"mp57000full.zip"（ファイル名）という圧縮ファイルになっている。このzipファイルを解凍すると図10・1のように"Mp57000full.EXE"という実行ファイルが生成される（本書付録CD-ROMには解凍した状態で収めてある）。

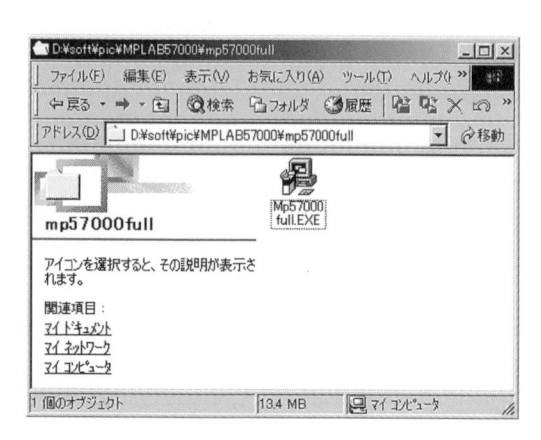

図10・1　解凍したMPLAB

現在使用しているプログラムをすべて終了し，プログラムマネージャまたはエクスプローラーから"Mp57000 full.EXE"を実行する．インストールを開始するための条件をいくつか聞いてくるが，すべてデフォルトのまま"NEXT"を選択して次に進むとインストールを開始する．インストールが完了して再起動を行うと，MPLABはC:\Program Files\MPLABフォルダの中にすべて収められる．また，スタートメニューのプログラムに図10·2のようなMPLABメニューが追加される．

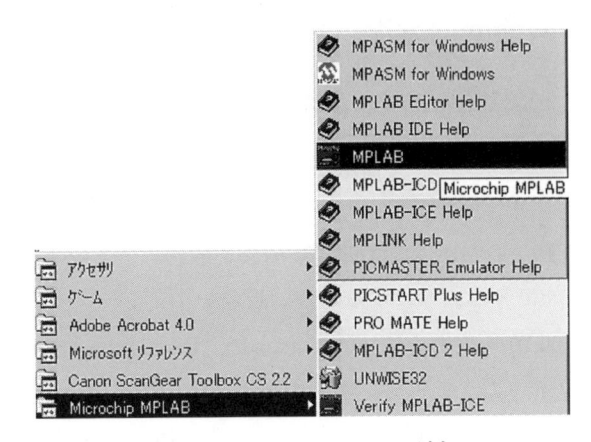

図10·2 スタートメニューに追加

(2) 設定をしよう

インストール終了後，C:\Program Files\MPLABの中にprojectフォルダ（作業用フォルダ）を作成する．

projectフォルダを作成するには，エクスプローラを起動し，C:\Program Files\MPLABを開き，「ファイル」→「新規作成」→「フォルダ」の順に選択して新しいフォルダを作成し，"新しいフォルダ"を右クリックして「名前の変更」→"project"とキーボードより打ち込み名前を変更する．

> projectフォルダ（作業用フォルダ）はどこに置いてもよいが，本書では説明上，"C:\Program Files\MPLAB"の中に置く．また，フォルダ名も特にprojectにしなくてもよい．

第10章 プログラム開発用ソフトの使い方

スタートメニューより MPLAB を起動すると図10・3の画面になる。

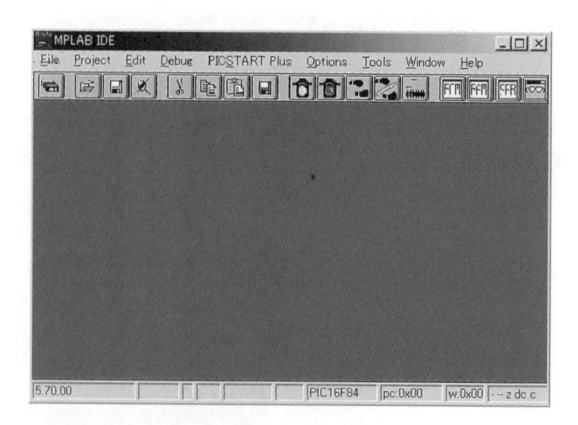

図10・3 起動画面

インストール直後の MPLAB は開発モードがエディットのみに設定されている。アセンブルをできるようにするため，設定を「シミュレータ」に変更する。変更するには，図10・4のように「Options」→「Development Mode」の順に選択すると，図10・5のようなダイアログ（Development Mode）が表示される。ここで，「MPLAB SIM Simulator」を選択する。また，Processor を PIC16F84A に変更する。

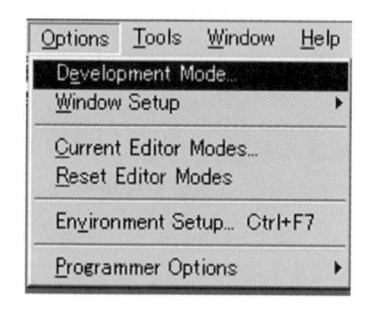

図10・4 Development Mode を選択

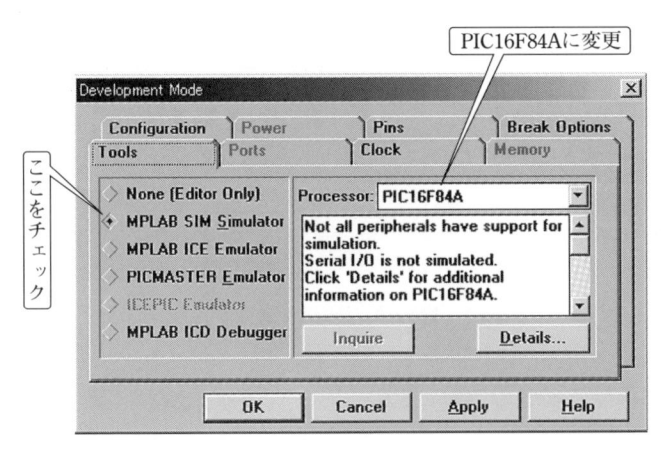

10·1 MPLABのインストールと設定　**165**

図10·5　Toolsの設定

（PIC16F84Aに変更／ここをチェック）

本書で使用している発振子のクロックは10MHzなのでクロックの変更をする。変更するためには，上部の"Clock"タブを選択し図10·6のように「Oscillator Type」に"XT"を選択し，「Desired Frequency」を"10.000000"に変更する。次に，"OK"をクリックすると，図10·7のような警告のダイアログを表示するので，"OK"をクリックして設定を終了する。

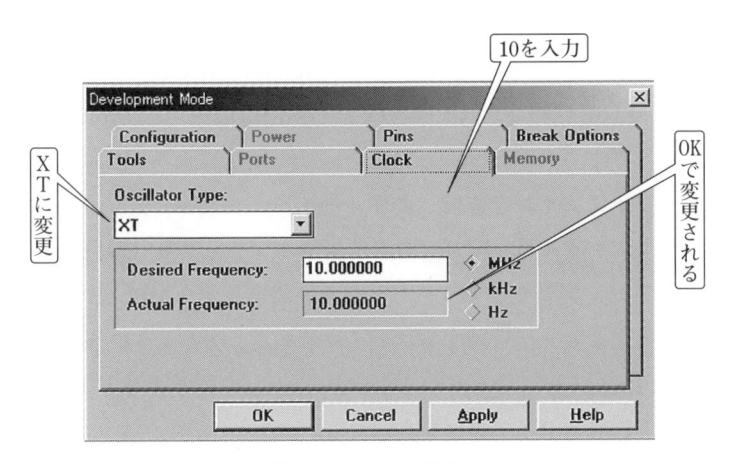

図10·6　Clockの設定

（10を入力／XTに変更／OKで変更される）

166 第10章 プログラム開発用ソフトの使い方

OKをクリック
すると設定終了

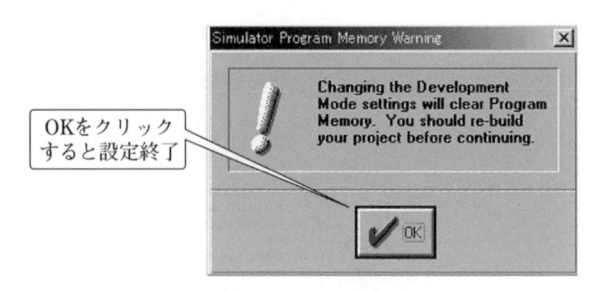

図10・7 設定変更確認

■ Processor ：他の PIC を使用するときにはここを変更する。

10・2　アセンブルの方法

(1) ソースファイルを作成しよう ─────────

　はじめに，テキストエディタ（メモ帳やワードパットなど）を使用して，第3章「入出力ボードを作ろう」の例題3・2（52ページ）にあるリスト3・2を入力する。このプログラムはSW0～SW3（PROTA0～PORTA3）のON（"H"）に対応して，"0"～"3"を7セグ2（PORTB0～PORTB6）に表示するものである。作成したソースプログラムは，C:\Program Files\MPLAB\projectの中にフォルダ"ex03_02"を作成し，ファイル名を"ex03_02.asm"としてその中に保存する。付属のCD-ROMにも収録されているので，ex03_02.asmをCD-ROMからコピーしてもよい。

(2) プロジェクトファイルを作成しよう ─────────

　プロジェクトファイルはソースプログラムやオブジェクト（機械語）プログラムの管理と，アセンブラやシミュレータの各種設定などをMPLABの中で一つのオブジェクト名により一括管理するファイルであり，次のように作成する。

　図10・8の「Project」メニューの「New Project」を選択すると，図10・9の新規プロジェクト作成のダイアログを表示する。

　フォルダをC:\Program Files\MPLAB\project\ex03_02に変更して，ファイル名"ex03_02.pjt"を入力してOKをクリックするかEnterキーを押すと，図10・10

10・2 アセンブルの方法

のプロジェクト編集のダイアログが表示される。

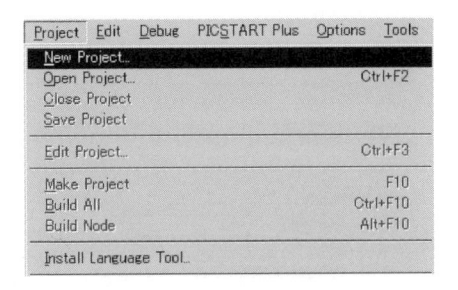

図10・8 NewProjectを選択

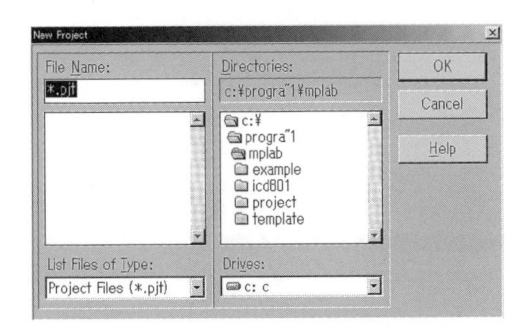

図10・9 新規プロジェクトの設定

■　ファイル名とプロジェクト名は同じ名前にする。

「Project Files」の"ex03_02［.hex］"をクリックすると，「Node Properties」が選択できるようになるのでこれをクリックする。図10・11の詳細設定のダイアログが表示されるので，図のように「Hex Format」を"INHX8M"に，「Warning Level」を"all"に，「Case sensivity」を"OFF"に変更して，OKをクリックすると，前画面に戻る。

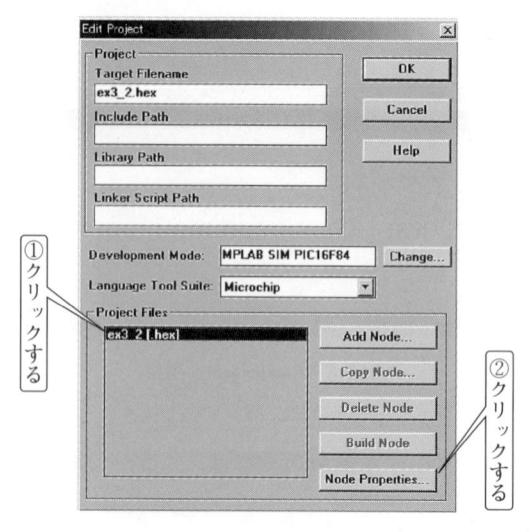

168 第10章 プログラム開発用ソフトの使い方

図10・10 プロジェクトの編集

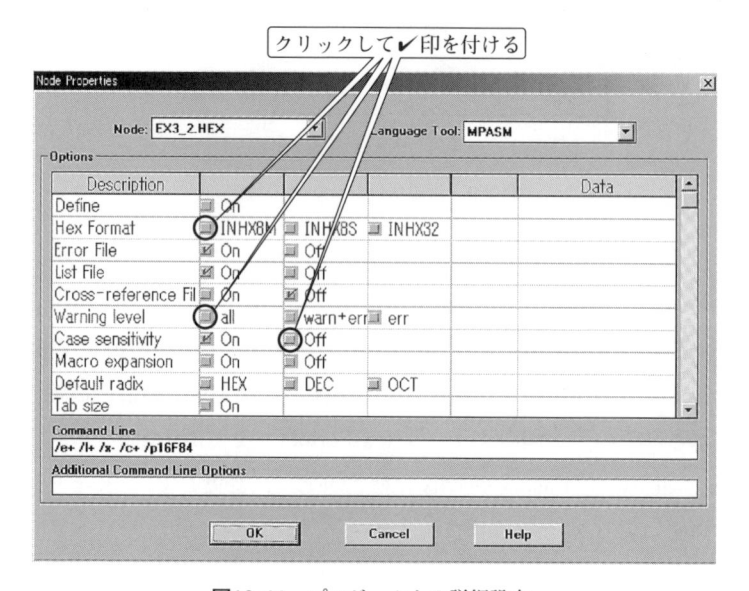

図10・11 プロジェクトの詳細設定

10·2 アセンブルの方法 **169**

次に，"Add Node"をクリックすると，図10·12のようなソースファイルを選択するダイアログを表示する。

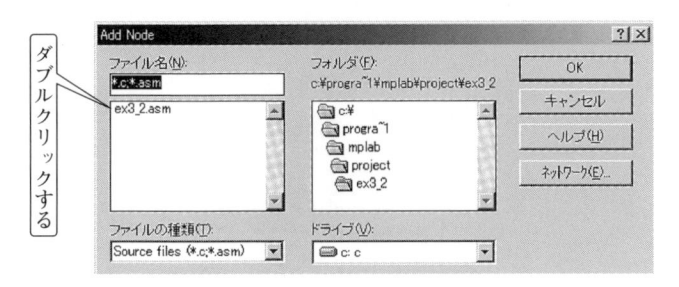

図10·12 ソースファイルの指定

ソースファイルを選択してOKをクリックすると前画面に戻る。これでプロジェクトの設定をすべて終了したのでOKをクリックして初期画面に戻る。

(3) アセンブルしよう ─────

アセンブルは，図10·13のように「Project」メニューの"Make Project"を選択し，実行させる。

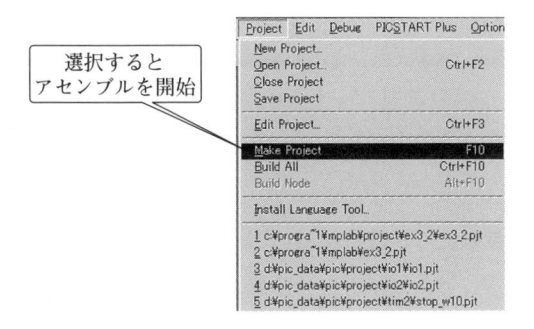

図10·13 Make Projectの選択

アセンブルの途中経過を図10·14のように表示する。

エラーがなければ，図10·15のようにメッセージの最後に「Build completed successfully.」と表示され，オブジェクトファイルが自動的に生成される。

エラーがあると，図10·16のようにメッセージの途中に「Error…」とエラー

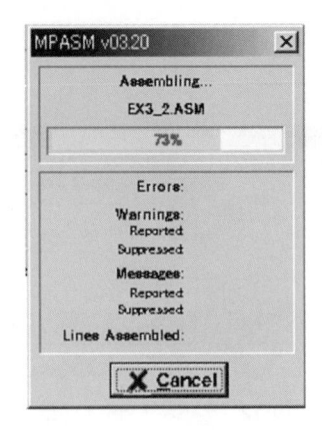

170　第10章　プログラム開発用ソフトの使い方

図10・14　アセンブル実行中

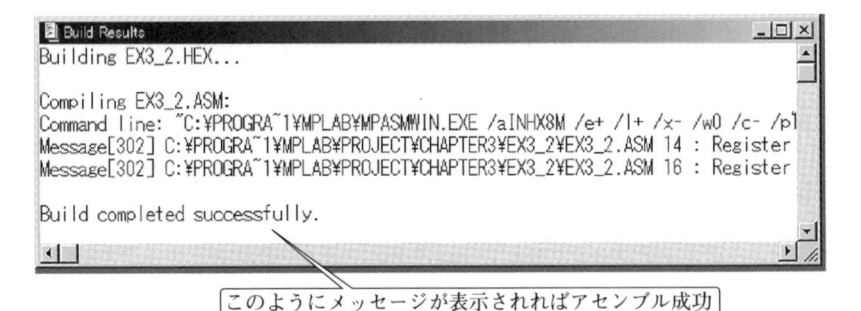

図10・15　アセンブルの終了

このようにメッセージが表示されればアセンブル成功

メッセージとその最後に「Build failed.」が表示される。

　エラーを修正するには，図10・16に表示されているエラーメッセージの行をダブルクリックすると，MPLABのエディタが自動的に立ち上がりソースプログラムが表示されエラー行にカーソルが自動的に移動する。エラーを修正して再度アセンブルを行い，エラーがなくなるまで繰り返す。

　アセンブルが完成するとC:\Program Files\MPLAB\project\ex03_02の中に図10・17のようなファイルが生成される。このうちの"EX03_02.HEX"ファイルがPICに書き込む機械語プログラムである。

10・3 シミュレータの使い方 **171**

警告 — エラーがあるという意味で，ここをダブルクリックすると該当部分が表示される

アセンブルに失敗したという意味

図10・16 アセンブルに失敗

PICに書き込むファイル

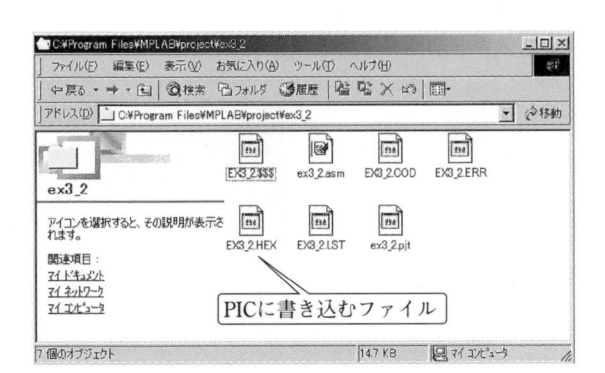

図10・17 生成されたファイル

10・3 シミュレータの使い方

　アセンブルはソースプログラムの文法をチェックするが動作チェックはできない。そこで，MPLABのシミュレータを使いパソコン上でシミュレーションを行い，期待どおりにプログラムが動作するかを確認する。もし，期待した動作をしない場合には，プログラムを修正してやり直す。この修正作業をプログラムのデバッグという。

(1) アニメーション実行してみよう ──────

　ソースプログラムの命令をゆっくり実行し，アニメーションで表示しながらシ

ミュレーションする方法で，プログラム全体の流れや入出力ポートの動きを確認するときに便利である．

アニメーション実行するには，アセンブル（Make Project）が完成したところで次のようにする．

a．レジスタを見る設定

シミュレーション中にレジスタの内容がどのように変化しているかをモニタするために，ウォッチ・ウインドウを次のように設定して使用する．

図10・18のように「Window」メニューの「Watch Windows」→「New Window」を選択し，図10・19のウォッチ・ウインドウにレジスタを追加するダイアログ（「Add Watch Symbol」）を表示する．

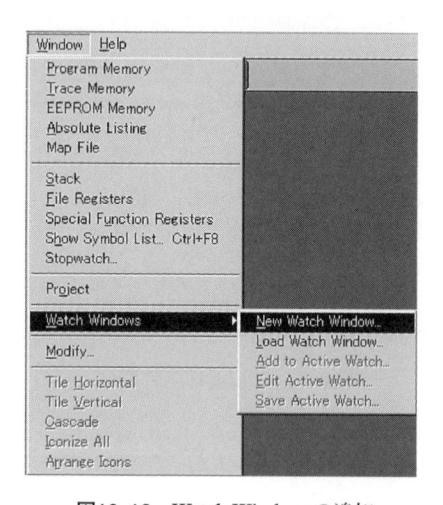

図10・18 Watch Windowsの追加

「Symbol」の下段より"PORTA"を選択して「Properties」をクリックし，図10・20のプロパティ設定のダイアログを表示する．

「Format」の"Binary"を選択してOKをクリックすると図10・21のようにWatch1の画面にPORTAが追加される．

同様に，"PORTB"および"w"を追加する．他に追加するものがあれば追加

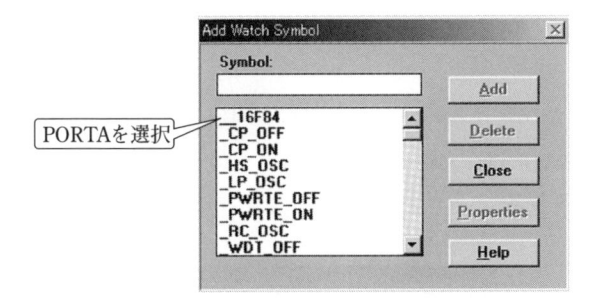

10·3 シミュレータの使い方　**173**

図10·19　ウォッチ・ウインドウにレジスタを追加

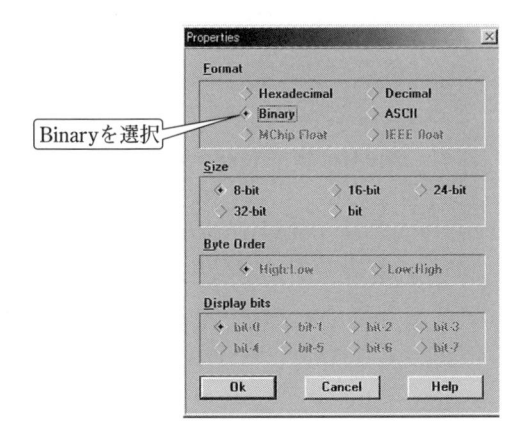

図10·20　プロパティ設定

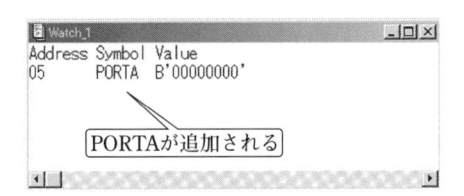

図10·21　Watch1画面

してから,「Add Watch Symbol」を閉じる。ただし「Watch_1」の画面は閉じないようにする。

設定した内容をファイルに保存しておくと別のプログラムでも使えるので便利である。保存するには,「Window」メニューの「Watch Windows」→「Save Active Wacth」を選択し,図10·22のような保存用のダイアログを表示する。

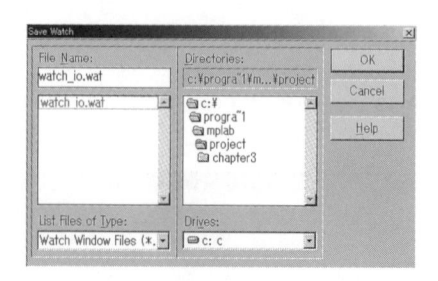

図10·22 保存用のダイアログ

フォルダを C:\Program Files\MPLAB\project に変更して,ファイル名 "watch_io.wat" と入力して OK をクリックするか Enter キーを押す。

> Format (表示形式) は Binary (2進数), Decimal (10進数), Hexadecimai (16進数), ASCII (文字) の4種類から選べる。

(2) 入力信号の設定

シミュレーション中に入力ポートの信号やリセット信号を自由に変更するために,非同期スティミュラスがあり,次のように設定して使用する。

図10·23の「Debug」メニューの「Simulator Stimulus」→「Asynchronous Stimulus」を選択すると,図10·24の入力信号設定のダイアログ(「Asynchronous Stimulus Dialog」)を表示する。

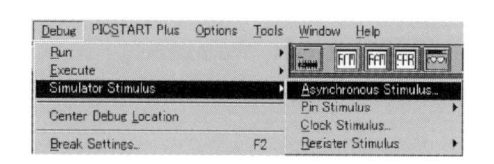

図10·23 Asynchronous Stimulusの選択

10·3 シミュレータの使い方　*175*

図10·24　入力信号設定のダイアログ

　"Stim1(P)"を右クリックし，表示されたメニューより"Assign Pin"を選択する。図10·25の一覧の中から"RA0"を選択すると，入力信号設定のダイアログ（「Asynchronous Stimulus Dialog」）に戻り「Stim1(P)」が「RA0」に変更される。

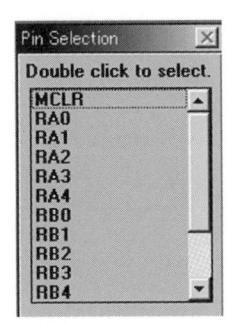

図10·25　AssignPinの選択

　さらに，"RA0"を右クリックして，図10·26のようなメニューの中から"Toggle"を選択する。

Toggleを選択

図10·26　Toggleを選択

同様に，「Stim2(P)」～「Stim4(P)」までを「RA1(T)」～「RA3(T)」に変更する。このとき，入力信号設定のダイアログ（「Asynchronous Stimulus Dialog」）は閉じないでおく。

> Stimulus は Toggle（反転）のほかに，Pulse（押している間 "1"），Low（"0"），High（"1"）の4種類から選べる。

(3) アニメーションの実行 ─────────

プログラムをアニメーション表示でシミュレーションするには，「Debug」メニューの「Run」→「Animat」を選択する。

図10・27のようなソースプログラムが表示され，反転行のカーソル移動により実行経過をアニメーションで表示する。

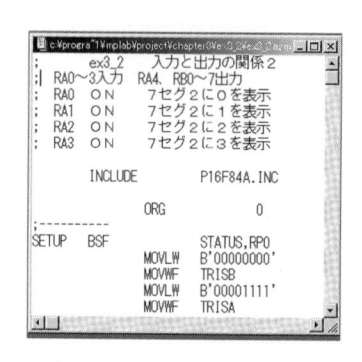

図10・27 ソースリスト画面

入力信号を変更して実行経過を見るためには，「Asynchronous Stimulus Dialog」の "RA0" をクリック（トグルモードなのでクリックするたびに値が反転する）して値を変更する。その結果，「Watch_1」画面内にある PORTA のデータが変更される。シミュレーションが進行すると，出力信号となる PORTB のデータがプログラムどおり変更される様子が「Watch_1」画面で確認できる。値が変化した箇所は，青字から赤字になり，色でも変更を表現する。

プログラムの実行を停止するには，「Debug」メニューの「Run」→「Halt」を選択するか "F5" キーを押す。

プログラムのはじめに戻るには，「Debug」メニューの「Run」→「Reset」を

選択するか "F6" キーを押す。

a. ステップ実行してみよう

ステップ実行とは、ソースプログラムの命令を一行ずつ止めながらシミュレーションする方法で、レジスタの変化やプログラムの流れを個々に確認するときに便利である。通常の実行と組み合わせてプログラムの一部分だけを個々に確認するときに使用する。

ステップ実行するには，「Debug」メニューの「Run」→「Step」を選択するか "F7" キーを押す。次の命令を実行するには再度，「Debug」メニューの「Run」→「Step」を選択するか "F7" キーを押す。これを繰り返す。

ファイルレジスタや特殊レジスタを表示するには，「Window」メニューの「File Registers」や「Special Function Registers」を選択し，図10・28や図10・29のように表示する。

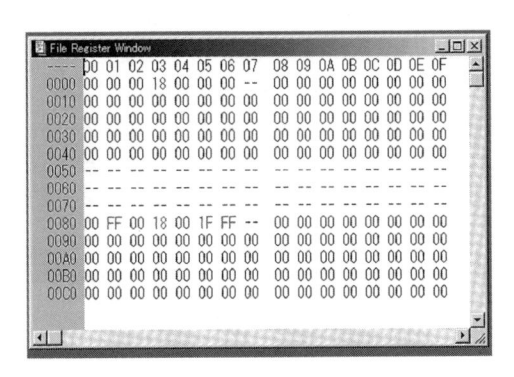

図10・28 ファイルレジスタ表示画面

レジスタの値やプログラムを一時的に変更したいときは，「Window」メニューの「Modify」を選択し，図10・30の修正用のダイアログ（「Modify」）を表示する。

レジスタの値を変更するときは，「Memory Area」の "Data" を選択して "Address" にレジスタ名，"Data/Opcode" に値を入れて "Write" をクリックする。

図10・29 特殊レジスタ表示画面

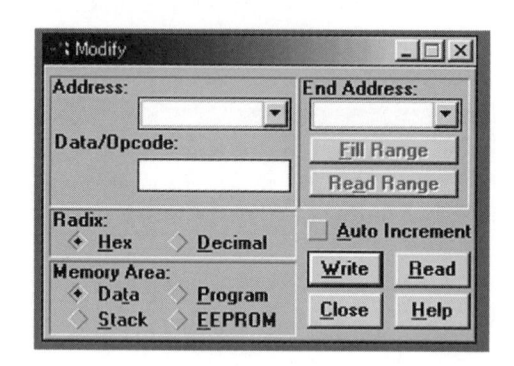

図10・30 Modify画面

　プログラムを一時的に変更するときは，「Memory Area」の"Program"を選択して"Address"に番地，"Data/Opcode"に機械語の値を入れて"Write"をクリックする．また，一定の範囲をまとめて変更するときは，"Address"に先頭番地，"End Address"に最終番地を入れ，"Data/Opcode"に機械語の値を入れて"Fill Range"をクリックする．

b．デバッグしてみよう ────────

　第3章「入出力ボードを作ろう」の例題3・4（61ページ）のリスト3・4を用いて解説する（付録CD-ROMに収録してある"ex03_04.asm"をそのまま使用して

もよい)。

　デバッグするときは，プログラム中の任意の場所で一時停止させ，ステップ実行やアニメーション実行などに切り替えながら行う。この一時停止させる場所を**ブレークポイント**（Break Point）という。ブレークポイントを設定するには，ソースプログラム上の設定したい行で右クリックし，図10・31のメニューを表示し，"Break Point(s)"を選択する。設定するとその行を赤字で表示する。再度"Break Point(s)"を選択すると解除され黒字に戻る。

　図10・31のようにタイマサブルーチンの0.4msの先頭と最後に設定して，「Debug」メニューの「Run」→「Run」を選択するか"F9"キーを押す。これを3回繰り返す。このとき，2ケ所のブレークポイントで一時停止するのがわかる。

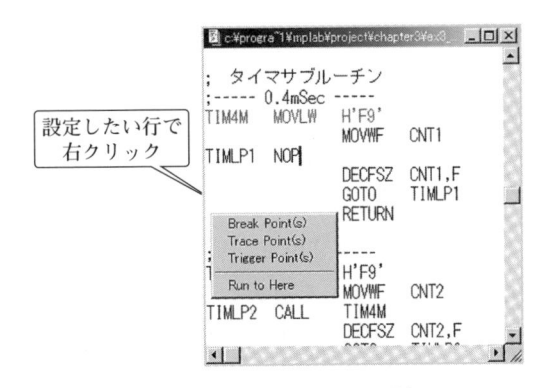

図10・31 BreakPoint(s)の選択

　プログラムタイマなどの実行時間を計測したい場合には，ストップウォッチを利用する。ストップウォッチは，「Window」メニューの「Stopwatch」を選択する。図10・32のストップウォッチのダイアログ（「Stopwatch」）を表示する。経過時間と命令実行回数をモニタできる。

● タイマサブルーチンの0.4msを計測してみる。
　ブレークポイントを設定したまま，"Halt"（F5）→"Reset"（F6）の順に選択してプログラムの実行を先頭に戻す。
　"Run"（F9）を選択して実行すると，ブレークポイントに設定した0.4msル

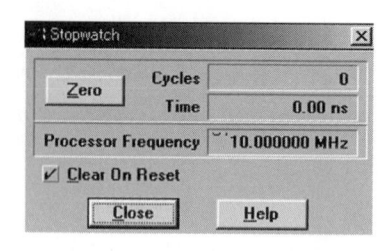

図10·32 ストップウォッチの画面

ーチンの先頭で一時停止する。ここまで7.60μsかかったことがストップウォッチよりわかる。

ストップウォッチの"Zero"を選択して計時を"0"に戻す。この時点より，タイマ部分の計測を行う。

ソースプログラム上をクリックしてから"Run"（F9）を選択して実行する。タイマ部分の実行が終了し，ストップウォッチの「Time」に経過時間398.80μs（約0.4ms）が表示される。また，「Cycles」に997回と命令実行回数が表示される。

● 0.4msのタイマを0.2msのタイマに変更してみる。

「Window」メニューの「Modify」を選択する。「Memory Area」の"Program"を選択して「Address」に"TIM4M"を入れた後"Read"をクリックすると，「Data/Opcode」に"30F9"が表示される。ここで，「Data/Opcode」を"307D"に変更して"Write"をクリックする。プログラムを変更したので実行して確かめてみる。

10·4 プログラムの書き込み方法

PIC16F84A本体にプログラムを書き込むには，**プログラムライタ**を使用する。プログラムライタは，マイクロチップテクノロジー社のPICSTART Plusや（株）秋月電子通商のAKI-PICプログラマキットなどがある。もちろん自作できるキットもある。本書では，PICSTART Plusを使用する。

10・4 プログラムの書き込み方法 **181**

(1) パソコンにライタを接続しよう ─────────

　PICSTART Plus を写真 10・1 に示す。40 ピン以下の PIC12, PIC14C, PIC16C, PIC16F, PIC17C シリーズに対応している。

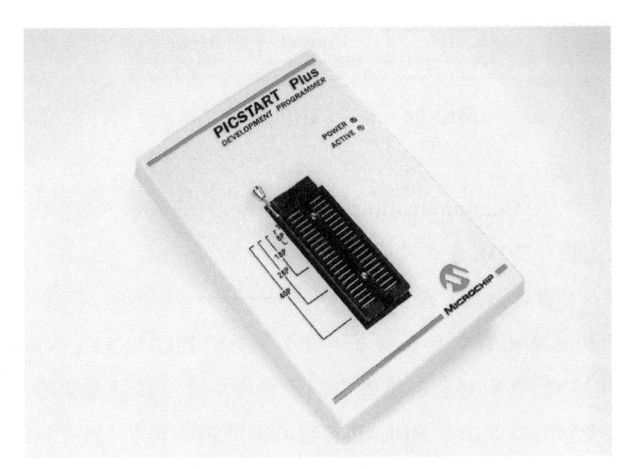

写真 10・1　PICSTART Plus

　付属の通信用ケーブルをパソコンの RS232C インターフェース（COM ポート）に接続する。さらに，付属の電源ケーブルを接続する。ライタの「POWER」LED が点灯して電源が入り使用可能なことを示す。

　PICSTART Plus を接続したパソコンより MPLAB を立ち上げてポートの選択をする。ポートの選択は，図 10・33 に示す「Options」メニューの「Progurammer Options」→「Communication Port Setup」を選択し，図 10・34 のようなポート

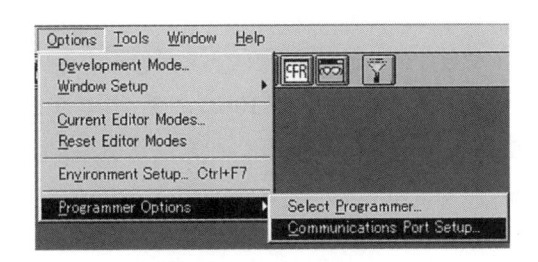

図10・33　ポートの選択

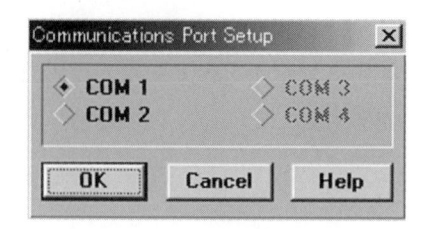

図10・34 ポート選択のダイアログ

選択のダイアログ(「Communication Port Setup」)を表示させ,COM1〜4より適するものを選択してOKをクリックする。

(2) プログラムを書き込んでみよう

　PICSTART Plusのゼロプレッシャーソケットに PIC16F84A 本体を挿入する。このとき,PICの向きやピンの位置を間違えないように注意する。PICSTART Plusを接続したパソコンよりMPLABを立ち上げPIC本体に書き込みたい(アセンブルが完了したもの)プロジェクトを読み込む。

　「PICSART Plus」メニューの「Enable Programmer」を選択すると,図10・35の画面を表示してPICSTART Plusとの通信状態をチェックする。

図10・35　PICSTART Plusとの通信状態をチェック

　エラーが発生した場合は,図10・36のダイアログを表示するのでOKをクリックして,通信ポートや通信ケーブル,電源などの確認をする。

　通信状態のチェックを終了すると,図10・37のダイアログを表示するのでOKをクリックする。続けて,図10・38の実機の構成設定のダイアログ(「Configuration Bits」)を表示するので「Oscillator」を"XT",「Watchdog Timer」を"OFF"に設定する。

　次に,図10・39のようなPICSART Plus設定のダイアログ(「PICSTART Plus

10·4 プログラムの書き込み方法 **183**

図10·36 通信エラー表示

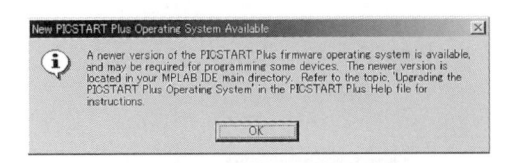

図10·37 通信チェックの終了

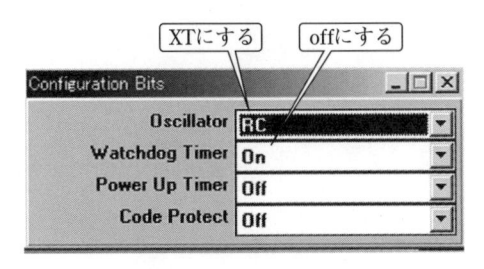

図10·38 実機の構成設定

Device Programmer」)が表示されるので,「Device」に"PIC16F84A"が設定されているのを確認し,"Program"をクリックする.

図10·40のような書き込み状態を示すダイアログ(「Program/Verify」)を表示し,書き込みが行われる.

書き込み終了後,"Verify"をクリックしてプログラムが正常に書き込まれたことを確認する.

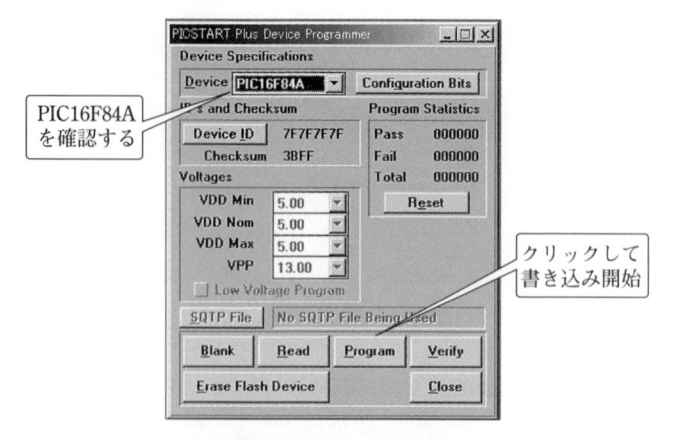

184　第10章　プログラム開発用ソフトの使い方

図10・39　PICに書き込む

（PIC16F84Aを確認する／クリックして書き込み開始）

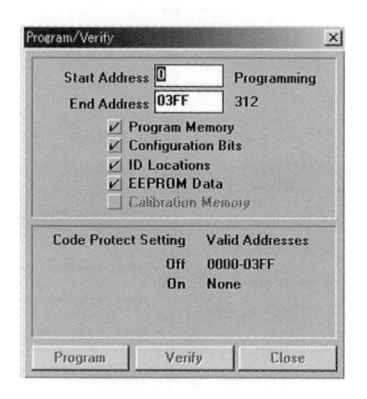

図10・40　書き込み中

> Program ： PIC本体にプログラムを書き込む。すでに書かれている場合でも上書きする。
> Verify　 ： パソコン上のデータとPIC本体に書き込まれたデータを照合する。
> Blank 　 ： PIC本体にプログラムが書き込まれているかどうかをチェックする。新品かどうかのチェック。
> Read 　 ： PIC本体のプログラムを読み込む。コピーするときに使用する。

付録　プリント基板の作り方

付録1　用意するもの

プリント基板を作成する際に次のようなものが必要となる。

① 感光基板

感光基板は，写真F・1のようなカメレオンレジストポジ感光基板を使用する。本書付録のパターン図はサンハヤトの10K（100mm×75mm）サイズにあわせてある。

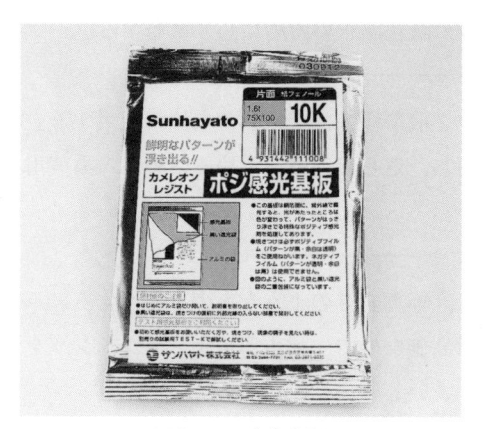

写真F・1　感光基板

② 現像液

現像液は，写真F・2のような現像剤をぬるま湯に溶かして作る。現像剤は，サンハヤトのDP-10またはDP-50を使用する。

③ エッチング液

エッチング液はサンハヤトのエッチング液を使用する。

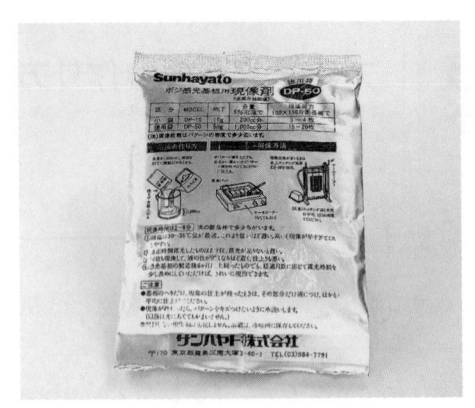

写真 F·2　現像液

④ フラックス ────────

　フラックスは基板の酸化防止のために必ず塗布する。

⑤ バット ────────

　バットはエッチング液や現像液を入れるために使用する。エッジング液用と現像液用は分けて使用し，さらに両液を温めるために，湯煎用の大き目のバットも用意する。

⑥ ライトボックス ────────

　ライトボックスは，写真 F·3 のようなものを使用する。

　ライトボックスは高価なので，捕虫器用ケミカルランプを蛍光灯スタンドに取り付けて使用するとよい。

⑦ ドライヤ ────────

　基板は温めてから切断するときれいに切れるので，切断する際に使用する。

⑧ 切断機 ────────

　切断機は，写真 F·4 のようなものを使用する。指を切らないように注意する。

写真 F・3　ライトボックス

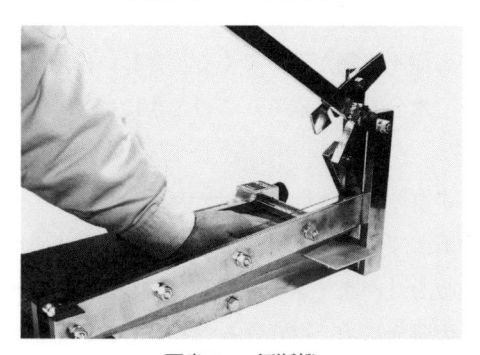

写真 F・4　切断機

付録2　工作とチェック

(1) パターンの感光をしよう

①-1　ライトボックスのガラスの上に感光面（青紫色の面）を上にして感光基板を載せる。

①-2　文字が普通に読めるようにしてパターンシートを感光基板の上に載せる。このときにパターンシートと感光基板にずれがないように注意する。

②　透明フィルムの中蓋を静かに閉めロックをする。

③　真空ポンプのスイッチを入れる。中の空気がなくなり，パターンシートと感

光基板が密着する。パターンシートと感光基板にずれがないかを確かめる。
④ 蓋を閉めロックをする。
⑤ 紫外線の照射時間（約2分30秒）をダイヤルでセットする。蛍光燈が点灯し感光が始まる。紫外線は目に良くないので直接見ないようにする。

(2) **基板の現像をしよう**

焼き上がった基板を1～2分程度現像液の中に浸す。現像液はアルカリ性の水溶液なので，皮膚につけないようにする。もしも付着したときには水ですぐに洗い流し，目には絶対に入れないこと。パターンがきれいに出てくれば完了。残すパターン以外の所が銅色に輝いてくる。良く水洗いを行い，軽く水を切る。

(3) **エッチングをしよう**

エッチングは，パターン以外の銅を溶かす作業で，エッチング液（塩化第二鉄溶液）に基板を浸すと徐々に銅が溶けてくる。きれいに銅が溶ければ完了。充分に水洗いを行い，よく水分を拭き取る。このときにパターン面をこすらないように注意する。

(4) **感光と現像をしよう**

パターン部分に付着している感光剤を溶かして銅を露出させる作業で，エッチング後水洗いした基板を「パターンの感光」と同じ要領でパターンを乗せずに感光する。このとき，太陽光に15～20分あてて感光させてもよい。

感光した基板を現像液に浸けると，パターン部分の銅が露出する。充分に水洗いを行い，よく水分を拭き取る。このときにパターン面をこすらないように注意する。手油でパターンが錆びてしまう原因になるので，これからはパターン面を直接手で触らないように注意して作業する。

(5) **基板の切断をしよう**

1枚の基板に作成されたいくつかの回路を1枚づつに切断する。ドライヤで基板を加熱し，とくに切断する部分を両面とも充分に加熱する。このとき，やけどをしないように注意する。

■　熱いうちに切断しないと基板が割れてしまうので，加熱したらすぐ切断すること。

切断機の下の刃と基板の切断部分を合わせて写真F・4のように切断機で基板を切る。指を切らないように注意すること。

(6) **フラックスを塗ろう** ─────────

銅の錆止めとはんだ付けを行いやすくするためにフラックスを塗る。新聞紙の上にパターン面を上にして基板を置き，ハケを使ってフラックスを均一に塗る。ハケにフラックスをつけすぎないように注意し，1回塗りをした後，一日乾燥させる。

(7) **基板のチェックをしよう** ─────────

フラックスが完全に乾いたら，パターン図を見ながらでき上がったプリント基板にパターン切れがないかを確認する。もし，パターンが切れていたら抵抗の足などを使ってはんだ付けしてパターンを修復する。

課題の解答

```
;─────────────────────────────────────
; 課題3・1  7セグ2のセグメントbとfを点灯する  [k03_01.asm]
;─────────────────────────────────────
        INCLUDE  P16F84A.INC   ; 標準ヘッダファイルの取込み

        ORG      H'00'         ; 00番地に指定
;
SETUP   BSF      STATUS,RP0    ; バンク1に変更
        MOVLW    B'00001111'   ; "0"は出力／"1"は入力
        MOVWF    TRISA         ; PORTAの設定
        MOVLW    B'00000000'   ; "0"は出力／"1"は入力
        MOVWF    TRISB         ; PORTBの設定
        BCF      STATUS,RP0    ; バンク0に変更
        CLRF     PORTA         ; PORTAをクリア
        CLRF     PORTB         ; PORTBをクリア
;
MAIN    BSF      PORTB,1       ; セグメントbを点灯
        BSF      PORTB,5       ; セグメントfを点灯
        BSF      PORTB,7       ; 7セグ2を指定

        END                    ; プログラムの終了

;─────────────────────────────────────
; 課題3・2  7セグ1のセグメントaを点灯する        [k03_02.asm]
;─────────────────────────────────────

        INCLUDE  P16F84A.INC   ; 標準ヘッダファイルの取込み

        ORG      H'00'         ; 00番地に指定
;
SETUP   BSF      STATUS,RP0    ; バンク1に変更
        MOVLW    B'00001111'   ; "0"は出力／"1"は入力
        MOVWF    TRISA         ; PORTAの設定
        MOVLW    B'00000000'   ; "0"は出力／"1"は入力
        MOVWF    TRISB         ; PORTBの設定
        BCF      STATUS,RP0    ; バンク0に変更
        CLRF     PORTA         ; PORTAをクリア
        CLRF     PORTB         ; PORTBをクリア
;
MAIN    BSF      PORTB,0       ; セグメントaを点灯
        BSF      PORTA,4       ; 7セグ1を指定

        END                    ; プログラムの終了

;─────────────────────────────────────
; 課題3・3  7セグ1のセグメントdとgを点灯する    [k03_03.asm]
;─────────────────────────────────────

        INCLUDE  P16F84A.INC   ; 標準ヘッダファイルの取込み

        ORG      H'00'         ; 00番地に指定
;
SETUP   BSF      STATUS,RP0    ; バンク1に変更
        MOVLW    B'00001111'   ; "0"は出力／"1"は入力
        MOVWF    TRISA         ; PORTAの設定
        MOVLW    B'00000000'   ; "0"は出力／"1"は入力
        MOVWF    TRISB         ; PORTBの設定
        BCF      STATUS,RP0    ; バンク0に変更
        CLRF     PORTA         ; PORTAをクリア
        CLRF     PORTB         ; PORTBをクリア
;
MAIN    BSF      PORTB,3       ; セグメントdを点灯
        BSF      PORTB,6       ; セグメントgを点灯
        BSF      PORTA,4       ; 7セグ1を指定

        END                    ; プログラムの終了

;─────────────────────────────────────
; 課題3・4  7セグ1と2のセグメントdを点灯する   [k03_04.asm]
;─────────────────────────────────────

        INCLUDE  P16F84A.INC   ; 標準ヘッダファイルの取込み

        ORG      H'00'         ; 00番地に指定
;
SETUP   BSF      STATUS,RP0    ; バンク1に変更
        MOVLW    B'00001111'   ; "0"は出力／"1"は入力
        MOVWF    TRISA         ; PORTAの設定
```

課題の解答   191

```
        MOVLW   B'00000000'   ; "0"は出力/"1"は入力
        MOVWF   TRISB         ; PORTBの設定
        BCF     STATUS,RP0    ; バンク0に変更
        CLRF    PORTA         ; PORTAをクリア
        CLRF    PORTB         ; PORTBをクリア
;
MAIN    BSF     PORTB,3       ; セグメントdを点灯
        BSF     PORTA,4       ; 7セグ1を指定
        BSF     PORTB,7       ; 7セグ2を指定

        END                   ; プログラムの終了
```

; ─────────────────────────────────
; 課題3・5 7セグ1のセグメントcとdを点灯する   [k03_05.asm]
;

```
        INCLUDE P16F84A.INC   ; 標準ヘッダファイルの取込み

        ORG     H'00'         ; 00番地に指定
;
SETUP   BSF     STATUS,RP0    ; バンク1に変更
        MOVLW   B'00001111'   ; "0"は出力/"1"は入力
        MOVWF   TRISA         ; PORTAの設定
        MOVLW   B'00000000'   ; "0"は出力/"1"は入力
        MOVWF   TRISB         ; PORTBの設定
        BCF     STATUS,RP0    ; バンク0に変更
        CLRF    PORTA         ; PORTAをクリア
        CLRF    PORTB         ; PORTBをクリア
;
MAIN    MOVLW   B'00001100'   ; セグメントcとdを点灯
        MOVWF   PORTB         ; PORTBに転送
        BSF     PORTA,4       ; 7セグ1を指定

        END                   ; プログラムの終了
```

; ─────────────────────────────────
; 課題3・6 7セグ2に数字の2を表示する   [k03_06.asm]
;

```
        INCLUDE P16F84A.INC   ; 標準ヘッダファイルの取込み

        ORG     H'00'         ; 00番地に指定
;
SETUP   BSF     STATUS,RP0    ; バンク1に変更
        MOVLW   B'00001111'   ; "0"は出力/"1"は入力
        MOVWF   TRISA         ; PORTAの設定
        MOVLW   B'00000000'   ; "0"は出力/"1"は入力
        MOVWF   TRISB         ; PORTBの設定
        BCF     STATUS,RP0    ; バンク0に変更
        CLRF    PORTA         ; PORTAをクリア
        CLRF    PORTB         ; PORTBをクリア
;
MAIN    MOVLW   B'01011011'   ; セグメントcとdを点灯
        MOVWF   PORTB         ; PORTBに転送
        BSF     PORTB,7       ; 7セグ2を指定

        END                   ; プログラムの終了
```

; ─────────────────────────────────
; 課題3・7 SW0～SW3のON("H")に対して、
;   それぞれ"4"～"7"を7セグ2に表示する [k03_07.asm]
;
; RA0～3   :入力   RA0がON:7セグ2に4を表示
; RA4、RB0～7 :出力   RA1がON:7セグ2に5を表示
;   RA2がON:7セグ2に6を表示
;   RA3がON:7セグ2に7を表示

```
        INCLUDE P16F84A.INC   ; 標準ヘッダファイルの取込み

        ORG     H'00'         ; 00番地に指定
;
SETUP   BSF     STATUS,RP0    ; バンク1に変更
        MOVLW   B'00001111'   ; "0"は出力/"1"は入力
        MOVWF   TRISA         ; PORTAの設定
        MOVLW   B'00000000'   ; "0"は出力/"1"は入力
        MOVWF   TRISB         ; PORTBの設定
        BCF     STATUS,RP0    ; バンク0に変更
        CLRF    PORTA         ; PORTAをクリア
;
MAIN    BTFSC   PORTA,0       ; PORTAのビット0をチェック
        GOTO    NEXT_4        ; "4"表示へ
        BTFSC   PORTA,1       ; PORTAのビット1をチェック
        GOTO    NEXT_5        ; "5"表示へ
        BTFSC   PORTA,2       ; PORTAのビット2をチェック
        GOTO    NEXT_6        ; "6"表示へ
        BTFSC   PORTA,3       ; PORTAのビット3をチェック
        GOTO    NEXT_7        ; "7"表示へ

        GOTO    MAIN          ; "MAIN"へ

NEXT_4  MOVLW   B'11100110'   ; CODE 4
        MOVWF   PORTB         ; 7セグ2に"4"を点灯
        GOTO    MAIN          ; "MAIN"へ
```

課題の解答

```
NEXT_5   MOVLW   B'11101101'   ; CODE 5
         MOVWF   PORTB         ; 7セグ2に"5"を点灯
         GOTO    MAIN          ; "MAIN"へ

NEXT_6   MOVLW   B'11111101'   ; CODE 6
         MOVWF   PORTB         ; 7セグ2に"6"を点灯
         GOTO    MAIN          ; "MAIN"へ

NEXT_7   MOVLW   B'10000111'   ; CODE 7
         MOVWF   PORTB         ; 7セグ2に"7"を点灯
         GOTO    MAIN          ; "MAIN"へ

         END                   ; プログラムの終了
;
;  課題3・8  SW0～SW3のON("H")に対して、
;           それぞれ"8"～"B"を7セグ1に表示する [k03_08.asm]
;
;  RA0～3    :入力   RA0がON:7セグ2に8を表示
;  RA4,RB0～7:出力   RA1がON:7セグ2に9を表示
;                    RA2がON:7セグ2にAを表示
;                    RA3がON:7セグ2にBを表示
;

         INCLUDE P16F84A.INC  ; 標準ヘッダファイルの取込み

         ORG     H'00'         ; 00番地に指定
;
SETUP    BSF     STATUS,RP0    ; バンク1に変更
         MOVLW   B'00001111'   ; "0"は出力/"1"は入力
         MOVWF   TRISA         ; PORTAの設定
         MOVLW   B'00000000'   ; "0"は出力/"1"は入力
         MOVWF   TRISB         ; PORTBの設定
         BCF     STATUS,RP0    ; バンク0に変更
         CLRF    PORTA         ; PORTAをクリア
         CLRF    PORTB         ; PORTBをクリア
;
MAIN     BTFSC   PORTA,0       ; PORTAのビット0をチェック
         GOTO    NEXT_8        ; "8"表示へ
         BTFSC   PORTA,1       ; PORTAのビット1をチェック
         GOTO    NEXT_9        ; "9"表示へ
         BTFSC   PORTA,2       ; PORTAのビット2をチェック
         GOTO    NEXT_A        ; "A"表示へ
         BTFSC   PORTA,3       ; PORTAのビット3をチェック
         GOTO    NEXT_B        ; "B"表示へ
         GOTO    MAIN          ; "MAIN"へ

NEXT_8   MOVLW   B'01111111'   ; CODE 8
         MOVWF   PORTB         ; CODE 8を設定
         BSF     PORTA,4       ; 7セグ1に"8"を点灯
         GOTO    MAIN          ; "MAIN"へ

NEXT_9   MOVLW   B'01100111'   ; CODE 9
         MOVWF   PORTB         ; CODE 9を設定
         BSF     PORTA,4       ; 7セグ1に"9"を点灯
         GOTO    MAIN          ; "MAIN"へ

NEXT_A   MOVLW   B'01110111'   ; CODE A
         MOVWF   PORTB         ; CODE Aを設定
         BSF     PORTA,4       ; 7セグ1に"A"を点灯
         GOTO    MAIN          ; "MAIN"へ

NEXT_B   MOVLW   B'01111100'   ; CODE B
         MOVWF   PORTB         ; CODE Bを設定
         BSF     PORTA,4       ; 7セグ1に"B"を点灯
         GOTO    MAIN          ; "MAIN"へ

         END                   ; プログラムの終了
;
;  課題3・9  7セグ1と7セグ2にC～Fを表示する  [k03_09.asm]
;
;  RA0～3    :入力   RA0 ON:7セグ1と7セグ2にCを表示
;  RA4,RB0～7:出力   RA1 ON:7セグ1と7セグ2にDを表示
;                    RA2 ON:7セグ1と7セグ2にEを表示
;                    RA3 ON:7セグ1と7セグ2にFを表示
;

         INCLUDE P16F84A.INC  ; 標準ヘッダファイルの取込み

         ORG     H'00'         ; 00番地に指定
;
SETUP    BSF     STATUS,RP0    ; バンク1に変更
         MOVLW   B'00001111'   ; "0"は出力/"1"は入力
         MOVWF   TRISA         ; PORTAの設定
         MOVLW   B'00000000'   ; "0"は出力/"1"は入力
         MOVWF   TRISB         ; PORTBの設定
         BCF     STATUS,RP0    ; バンク0に変更
         CLRF    PORTA         ; PORTAをクリア
         CLRF    PORTB         ; PORTBをクリア
;
MAIN     BTFSC   PORTA,0       ; PORTAのビット0をチェック
```

```
        GOTO    NEXT_C          ; "C"表示へ                      MOVWF   TRISA           ; PORTAの設定
        BTFSC   PORTA,1         ; PORTAのビット1をチェック        MOVLW   B'00000000'     ; "0"は出力／"1"は入力
        GOTO    NEXT_D          ; "D"表示へ                      MOVWF   TRISB           ; PORTBの設定
        BTFSC   PORTA,2         ; PORTAのビット2をチェック        BCF     STATUS,RP0      ; バンク0に変更
        GOTO    NEXT_E          ; "E"表示へ                      CLRF    PORTA           ; PORTAをクリア
        BTFSC   PORTA,3         ; PORTAのビット3をチェック    ;
        GOTO    NEXT_F          ; "F"表示へ                      BSF     PORTA,4         ;7セグ1を点灯
                                                         MAIN   MOVF    PORTA,W         ; 入力データのチェック
        GOTO    MAIN            ; "MAIN"へ                       ANDLW   B'00001111'     ; 下位4ビットをANDマスク
                                                                BTFSC   STATUS,Z        ; 入力データ"0"?
NEXT_C  MOVLW   B'10111001'     ; CODE C                         GOTO    NEXT_0          ; "0"表示へ
        MOVWF   PORTB           ; 7セグ2に"C"を点灯               MOVWF   WK1             ; 入力データをWK1に入れる
        BSF     PORTA,4         ; 7セグ1に"C"を点灯               DECF    WK1,F           ; WK1←WK1－1
        GOTO    MAIN            ; "MAIN"へ                       BTFSC   STATUS,Z        ; 入力データ"1"?
                                                                GOTO    NEXT_1          ; "1"表示へ
NEXT_D  MOVLW   B'11011110'     ; CODE D                         DECF    WK1,F           ; WK1←WK1－1
        MOVWF   PORTB           ; 7セグ2に"D"を点灯               BTFSC   STATUS,Z        ; 入力データ"2"?
        BSF     PORTA,4         ; 7セグ1に"D"を点灯               GOTO    NEXT_2          ; "2"表示へ
        GOTO    MAIN            ; "MAIN"へ                       DECF    WK1,F           ; WK1←WK1－1
                                                                BTFSC   STATUS,Z        ; 入力データ"3"?
NEXT_E  MOVLW   B'11111001'     ; CODE E                         GOTO    NEXT_3          ; "3"表示へ
        MOVWF   PORTB           ; 7セグ2に"E"を点灯               DECF    WK1,F           ; WK1←WK1－1
        BSF     PORTA,4         ; 7セグ1に"E"を点灯               BTFSC   STATUS,Z        ; 入力データ"4"?
        GOTO    MAIN            ; "MAIN"へ                       GOTO    NEXT_4          ; "4"表示へ
                                                                DECF    WK1,F           ; WK1←WK1－1
NEXT_F  MOVLW   B'11110001'     ; CODE F                         BTFSC   STATUS,Z        ; 入力データ"5"?
        MOVWF   PORTB           ; 7セグ2に"F"を点灯               GOTO    NEXT_5          ; "5"表示へ
        BSF     PORTA,4         ; 7セグ1に"F"を点灯               DECF    WK1,F           ; WK1←WK1－1
        GOTO    MAIN            ; "MAIN"へ                       BTFSC   STATUS,Z        ; 入力データ"6"?
                                                                GOTO    NEXT_6          ; "6"表示へ
        END                     ; プログラムの終了                DECF    WK1,F           ; WK1←WK1－1
                                                                BTFSC   STATUS,Z        ; 入力データ"7"?
;                                                                GOTO    NEXT_7          ; "7"表示へ
; 課題3・10 4つのSWをまとめて4ビットの2進数として取り扱い，        DECF    WK1,F           ; WK1←WK1－1
;         7セグ1に"0"～"F"の16進数として表示する  [k03_10.asm]    BTFSC   STATUS,Z        ; 入力データ"8"?
;                                                                GOTO    NEXT_8          ; "8"表示へ
; RA0～3：入力     RA4, RB0～7：出力                              DECF    WK1,F           ; WK1←WK1－1
;                                                                BTFSC   STATUS,Z        ; 入力データ"9"?
                                                                GOTO    NEXT_9          ; "9"表示へ
        INCLUDE P16F84A.INC     ; 標準ヘッダファイルの取込み      DECF    WK1,F           ; WK1←WK1－1
;                                                                BTFSC   STATUS,Z        ; 入力データ"A"
WK1     EQU     H'0C'           ; 0C番地をWK1にする                GOTO    NEXT_A          ; "A"表示へ
;                                                                DECF    WK1,F           ; WK1←WK1－1
        ORG     H'00'           ; 00番地に指定                    BTFSC   STATUS,Z        ; 入力データ"B"?
;                                                                GOTO    NEXT_B          ; "B"表示へ
SETUP   BSF     STATUS,RP0      ; バンク1に変更                   DECF    WK1,F           ; WK1←WK1－1
        MOVLW   B'00001111'     ; "0"は出力／"1"は入力            BTFSC   STATUS,Z        ; 入力データ"C"?
```

```
            GOTO    NEXT_C          ; "C"表示へ
            DECF    WK1,F           ; WK1 ← WK1 - 1
            BTFSC   STATUS,Z        ; 入力データ"D"?
            GOTO    NEXT_D          ; "D"表示へ
            DECF    WK1,F           ; WK1 ← WK1 - 1
            BTFSC   STATUS,Z        ; 入力データ"E"?
            GOTO    NEXT_E          ; "E"表示へ
            DECF    WK1,F           ; WK1 ← WK1 - 1
            BTFSC   STATUS,Z        ; 入力データ"F"?
            GOTO    NEXT_F          ; "F"表示へ

            GOTO    MAIN            ; "MAIN"へ
; "0"表示 ─────────
NEXT_0  MOVLW   B'00111111'     ; CODE 0
        MOVWF   PORTB           ; CODE 0 を表示
        GOTO    MAIN            ; "MAIN"へ
; "1"表示 ─────────
NEXT_1  MOVLW   B'00000110'     ; CODE 1
        MOVWF   PORTB           ; CODE 1 を表示
        GOTO    MAIN            ; "MAIN"へ
; "2"表示 ─────────
NEXT_2  MOVLW   B'01011011'     ; CODE 2
        MOVWF   PORTB           ; CODE 2 を表示
        GOTO    MAIN            ; "MAIN"へ
; "3"表示 ─────────
NEXT_3  MOVLW   B'01001111'     ; CODE 3
        MOVWF   PORTB           ; CODE 3 を表示
        GOTO    MAIN            ; "MAIN"へ
; "4"表示 ─────────
NEXT_4  MOVLW   B'01100110'     ; CODE 4
        MOVWF   PORTB           ; CODE 4 を表示
        GOTO    MAIN            ; "MAIN"へ
; "5"表示 ─────────
NEXT_5  MOVLW   B'01101101'     ; CODE 5
        MOVWF   PORTB           ; CODE 5 を表示
        GOTO    MAIN            ; "MAIN"へ
; "6"表示 ─────────
NEXT_6  MOVLW   B'01111101'     ; CODE 6
        MOVWF   PORTB           ; CODE 6 を表示
        GOTO    MAIN            ; "MAIN"へ
; "7"表示 ─────────
NEXT_7  MOVLW   B'00000111'     ; CODE 7
        MOVWF   PORTB           ; CODE 7 を表示
        GOTO    MAIN            ; "MAIN"へ
; "8"表示 ─────────
NEXT_8  MOVLW   B'01111111'     ; CODE 8
        MOVWF   PORTB           ; CODE 8 を表示
        GOTO    MAIN            ; "MAIN"へ
; "9"表示 ─────────
NEXT_9  MOVLW   B'01100111'     ; CODE 9
        MOVWF   PORTB           ; CODE 9 を表示
        GOTO    MAIN            ; "MAIN"へ
; "A"表示 ─────────
NEXT_A  MOVLW   B'01110111'     ; CODE A
        MOVWF   PORTB           ; CODE A を表示
        GOTO    MAIN            ; "MAIN"へ
; "B"表示 ─────────
NEXT_B  MOVLW   B'01111100'     ; CODE B
        MOVWF   PORTB           ; CODE B を表示
        GOTO    MAIN            ; "MAIN"へ
; "C"表示 ─────────
NEXT_C  MOVLW   B'00111001'     ; CODE C
        MOVWF   PORTB           ; CODE C を表示
        GOTO    MAIN            ; "MAIN"へ
; "D"表示 ─────────
NEXT_D  MOVLW   B'01011110'     ; CODE D
        MOVWF   PORTB           ; CODE D を表示
        GOTO    MAIN            ; "MAIN"へ
; "E"表示 ─────────
NEXT_E  MOVLW   B'01111001'     ; CODE E
        MOVWF   PORTB           ; CODE E を表示
        GOTO    MAIN            ; "MAIN"へ
; "F"表示 ─────────
NEXT_F  MOVLW   B'01110001'     ; CODE F
        MOVWF   PORTB           ; CODE F を表示
        GOTO    MAIN            ; "MAIN"へ

        END                     ; プログラムの終了

;
; ─────────────────────────────
; 課題3・11  7セグ1に"F"を点滅表示する    [k03_11.asm]
;
; RA0 ~ 3    :入力     7セグ1にFを点滅表示
; RA4, RB0 ~ 7 :出力
;
; ─────────────────────────────
            INCLUDE P16F84A.INC ; 標準ヘッダファイルの取込み

CNT1    EQU     H'0C'           ; 0C番地をCNT1にする
CNT2    EQU     H'0D'           ; 0D番地をCNT2にする
CNT3    EQU     H'0E'           ; 0E番地をCNT3にする
;
        ORG     H'00'           ; 00番地に指定
```

課題の解答　195

```
;----------------------
SETUP   BSF     STATUS,RP0      ; バンク1に変更
        MOVLW   B'00001111'     ; "0"は出力/"1"は入力
        MOVWF   TRISA           ; PORTAの設定
        MOVLW   B'00000000'     ; "0"は出力/"1"は入力
        MOVWF   TRISB           ; PORTBの設定
        BCF     STATUS,RP0      ; バンク0に変更
        CLRF    PORTA           ; PORTAをクリア
        CLRF    PORTB           ; PORTBをクリア
;
MAIN    MOVLW   B'01110001'     ; CODE F
        MOVWF   PORTB           ; CODE Fを設定
        BSF     PORTA,4         ; 7セグ1を表示
        CALL    TIM05S          ; サブルーチンTIM05Sへ
        CLRF    PORTB           ; 7セグ1を消灯
        CALL    TIM05S          ; サブルーチンTIM05Sへ

        GOTO    MAIN            ; "MAIN"へ

;
; タイマサブルーチン
;----------------------
; 0.4mS
TIM4M   MOVLW   D'249'          ; ループカウント249回
        MOVWF   CNT1            ; 1+1=2
TIMLP1  NOP                     ; 何もしない
        DECFSZ  NT1,F           ; CNT1←CNT1-1 ゼロで次をスキップ
        GOTO    TIMLP1          ; (1+1+2)×249-1=995
        RETURN                  ; 2+995+2=999 999×0.4μS≒0.4mS
; 100mS
TIM100  MOVLW   D'249'          ; ループカウント249回
        MOVWF   CNT2            ; 1+1=2
TIMLP2  CALL    IM4M            ; (2+1+2)×249-1=1244
        DECFSZ  CNT2,F          ; 999×249=248751
        GOTO    TIMLP2          ; 2+248751+1244+2≒250000
        RETURN                  ; 250000×0.4μS=100mS
; 0.5S
TIM05S  MOVLW   D'5'            ; ループカウント5回
        MOVWF   CNT3            ; 1+1=2
TIMLP3  CALL    TIM100          ; (2+1+2)×5-1=24
        DECFSZ  CNT3,F          ; 250000×5=1250000
        GOTO    TIMLP3          ; 2+24+1250000=1250026
        RETURN                  ; 1250026×0.4μS≒0.5S

        END                     ; プログラムの終了
```

```
;
;  課題3・12  7セグ2に"3"と"2"を交互に表示する  [k03_12.asm]
;
;  RA0～3：入力        RA4,RB0～7：出力
;

        INCLUDE P16F84A.INC     ; 標準ヘッダファイルの取込み
;
CNT1    EQU     H'0C'           ; 0C番地をCNT1にする
CNT2    EQU     H'0D'           ; 0D番地をCNT2にする
CNT3    EQU     H'0E'           ; 0E番地をCNT3にする
;
        ORG     H'00'           ; 00番地に指定
;----------------------
SETUP   BSF     STATUS,RP0      ; バンク1に変更
        MOVLW   B'00001111'     ; "0"は出力/"1"は入力
        MOVWF   TRISA           ; PORTAの設定
        MOVLW   B'00000000'     ; "0"は出力/"1"は入力
        MOVWF   TRISB           ; PORTBの設定
        BCF     STATUS,RP0      ; バンク0に変更
        CLRF    PORTA           ; PORTAをクリア
        CLRF    PORTB           ; PORTBをクリア
;
MAIN    MOVLW   B'11001111'     ; CODE 3
        MOVWF   PORTB           ; 7セグ2に"3"を表示
        CALL    TIM05S          ; サブルーチンTIM05Sへ
        MOVLW   B'11011011'     ; CODE 2
        MOVWF   PORTB           ; 7セグ2に"3"を表示
        CALL    TIM05S          ; サブルーチンTIM05Sへ

        GOTO    MAIN            ; "MAIN"へ

;
; タイマサブルーチン
;----------------------
; 0.4mS
TIM4M   MOVLW   D'249'          ; ループカウント249回
        MOVWF   CNT1            ; 1+1=2
TIMLP1  NOP                     ; 何もしない
        DECFSZ  CNT1,F          ; CNT1←CNT1-1 ゼロで次をスキップ
        GOTO    TIMLP1          ; (1+1+2)×249-1=995
        RETURN                  ; 2+995+2=999 999×0.4μS≒0.4mS
; 100mS
TIM100  MOVLW   D'249'          ; ループカウント249回
        MOVWF   CNT2            ; 1+1=2
TIMLP2  CALL    TIM4M           ; (2+1+2)×249-1=1244
        DECFSZ  CNT2,F          ; 999×249=248751
```

```
            GOTO     TIMLP2         ; 2＋248751＋1244＋2≒250000
            RETURN                  ; 250000×0.4μS＝100mS
; 0.5S
TIM05S MOVLW D'5'                   ; ループカウント5回
       MOVWF  CNT3                  ; 1＋1＝2
TIMLP3 CALL   TIM100                ; (2＋1＋2)×5－1＝24
       DECFSZ CNT3,F                ; 250000×5＝1250000
       GOTO   TIMLP3                ; 2＋24＋1250000＝1250026
       RETURN                       ; 1250026×0.4μS≒0.5S

       END                          ; プログラムの終了


; 課題3・13  7セグ1に"A"，7セグ2に"5"を交互に表示する
;                                          [k03_13.asm]
;─────────────────────────────
; RA0～3：入力          RA4，RB0～7：出力
;─────────────────────────────

       INCLUDE P16F84A.INC  ; 標準ヘッダファイルの取込み
;
CNT1   EQU    H'0C'                ; 0C番地をCNT1にする
CNT2   EQU    H'0D'                ; 0D番地をCNT2にする
CNT3   EQU    H'0E'                ; 0E番地をCNT3にする
;
       ORG    H'00'                ; 00番地に指定
;
SETUP  BSF    STATUS,RP0           ; バンク1に変更
       MOVLW  B'00001111'          ; "0"は出力／"1"は入力
       MOVWF  TRISA                ; PORTAの設定
       MOVLW  B'00000000'          ; "0"は出力／"1"は入力
       MOVWF  TRISB                ; PORTBの設定
       BCF    STATUS,RP0           ; バンク0に変更
       CLRF   PORTA                ; PORTAをクリア
       CLRF   PORTB                ; PORTBをクリア
;
MAIN   MOVLW  B'01110111'          ; CODE A
       MOVWF  PORTB                ; CODE Aを設定
       BSF    PORTA,4              ; 7セグ1を表示
       CALL   TIM05S               ; サブルーチンTIM05Sへ
       BCF    PORTA,4              ; 7セグ1消灯
       MOVLW  B'11101101'          ; CODE 5
       MOVWF  PORTB                ; 7セグ2に"5"を表示
       CALL   TIM05S               ; サブルーチンTIM05Sへ

       GOTO   MAIN                 ; "MAIN"へ
```

```
;─────────────────────────────
; タイマサブルーチン
;
; 0.4mS
TIM4M  MOVLW  D'249'               ; ループカウント249回
       MOVWF  CNT1                 ; 1＋1＝2
TIMLP1 NOP                         ; 何もしない
       DECFSZ CNT1,F               ; CNT1←CNT1－1 ゼロで次をスキップ
       GOTO   TIMLP1               ; (1＋1＋2)×249－1＝995
       RETURN                      ; 2＋995＋2＝999 999×0.4μS≒0.4mS
; 100mS
TIM100 MOVLW  D'249'               ; ループカウント249回
       MOVWF  CNT2                 ; 1＋1＝2
TIMLP2 CALL   TIM4M                ; (2＋1＋2)×249－1＝1244
       DECFSZ CNT2,F               ; 999×249＝248751
       GOTO   TIMLP2               ; 2＋248751＋1244＋2≒250000
       RETURN                      ; 250000×0.4μS＝100mS
; 0.5S
TIM05S MOVLW  D'5'                 ; ループカウント5回
       MOVWF  CNT3                 ; 1＋1＝2
TIMLP3 CALL   TIM100               ; (2＋1＋2)×5－1＝24
       DECFSZ CNT3,F               ; 250000×5＝1250000
       GOTO   TIMLP3               ; 2＋24＋1250000＝1250026
       RETURN                      ; 1250026×0.4μS≒0.5S

       END                         ; プログラムの終了


; 課題3・14  7セグ1に"4"，7セグ2に"E"を同時に表示する
;                                          [k03_14.asm]
;─────────────────────────────
; RA0～3：入力          RA4，RB0～7：出力
;─────────────────────────────

       INCLUDE P16F84A.INC  ; 標準ヘッダファイルの取込み
;
CNT1   EQU    H'0C'                ; 0C番地をCNT1にする
;
       ORG    H'00'                ; 00番地に指定
;
SETUP  BSF    STATUS,RP0           ; バンク1に変更
       MOVLW  B'00001111'          ; "0"は出力／"1"は入力
       MOVWF  TRISA                ; PORTAの設定
       MOVLW  B'00000000'          ; "0"は出力／"1"は入力
       MOVWF  TRISB                ; PORTBの設定
       BCF    STATUS,RP0           ; バンク0に変更
       CLRF   PORTA                ; PORTAをクリア
```

```
            CLRF    PORTB               ; PORTBをクリア
;
MAIN    MOVLW   B'01100110'         ; CODE 4
        MOVWF   PORTB               ; CODE 4を設定
        BSF     PORTA,4             ; 7セグ1を表示
        CALL    TIM4M               ; サブルーチンTIM4Mへ
        BCF     PORTA,4             ; 7セグ1消灯
        MOVLW   B'11111001'         ; CODE E
        MOVWF   PORTB               ; 7セグ2に"E"を表示
        CALL    TIM4M               ; サブルーチンTIM4Mへ

        GOTO    MAIN                ; "MAIN"へ

;
; タイマサブルーチン
;
; 0.4mS ─────
TIM4M   MOVLW   D'249'              ; ループカウント249回
        MOVWF   CNT1                ; 1+1=2
TIMLP1  NOP                         ; 何もしない
        DECFSZ  CNT1,F              ; CNT1←CNT1-1 ゼロで次をスキップ
        GOTO    TIMLP1              ; (1+1+2)×249-1=995
        RETURN                      ; 2+995+2=999 999×0.4μS≒0.4mS

        END                         ; プログラムの終了

;
; 課題3・15  SW0をONにすると、7セグ1に"0"を5回点滅表示する
;                                   [k03_15.asm]
;
; RA0～3：入力      RA4,RB0～7：出力
;

            INCLUDE P16F84A.INC     ; 標準ヘッダファイルの取込み
;
CNT1    EQU     H'0C'               ; 0C番地をCNT1にする
CNT2    EQU     H'0D'               ; 0D番地をCNT2にする
CNT3    EQU     H'0E'               ; 0E番地をCNT3にする
CNT4    EQU     H'0F'               ; 0F番地をCNT4にする
;
        ORG     H'00'               ; 00番地に指定
;
SETUP   BSF     STATUS,RP0          ; バンク1に変更
        MOVLW   B'00001111'         ; "0"は出力／"1"は入力
        MOVWF   TRISA               ; PORTAの設定
        MOVLW   B'00000000'         ; "0"は出力／"1"は入力
        MOVWF   TRISB               ; PORTBの設定
```

```
        BCF     STATUS,RP0          ; バンク0に変更
        CLRF    PORTA               ; PORTAをクリア
        CLRF    PORTB               ; PORTBをクリア
;
MAIN    BTFSS   PORTA,0             ; SW0をチェック
        GOTO    MAIN                ; "MAIN"へ
        MOVLW   D'5'                ; W←5
        MOVWF   CNT4                ; CNT4←5
LP_1    MOVLW   B'00111111'         ; CODE 0
        MOVWF   PORTB               ; CODE 0を設定
        BSF     PORTA,4             ; 7セグ1を表示
        CALL    TIM05S              ; サブルーチンTIM05Sへ
        BCF     PORTA,4             ; 7セグ1を消灯
        CALL    TIM05S              ; サブルーチンTIM05Sへ
        DECFSZ  CNT4,F              ; CNT4←CNT4-1
        GOTO    LP_1                ; LP_1へ
END_1   GOTO    END_1               ; END_1へ（無限ループ）

;
; タイマサブルーチン
;
; 0.4mS ─────
TIM4M   MOVLW   D'249'              ; ループカウント249回
        MOVWF   CNT1                ; 1+1=2
TIMLP1  NOP                         ; 何もしない
        DECFSZ  CNT1,F              ; CNT1←CNT1-1 ゼロで次をスキップ
        GOTO    TIMLP1              ; (1+1+2)×249-1=995
        RETURN                      ; 2+995+2=999 999×0.4μS≒0.4mS
; 100mS
TIM100  MOVLW   D'249'              ; ループカウント249回
        MOVWF   CNT2                ; 1+1=2
TIMLP2  CALL    TIM4M               ;(2+1+2)×249-1=1244
        DECFSZ  CNT2,F              ; 999×249=248751
        GOTO    TIMLP2              ; 2+248751+1244+2≒250000
        RETURN                      ; 250000×0.4μS=100mS
; 0.5S ─────
TIM05S  MOVLW   D'5'                ; ループカウント5回
        MOVWF   CNT3                ; 1+1=2
TIMLP3  CALL    TIM100              ;(2+1+2)×5-1=24
        DECFSZ  CNT3,F              ; 250000×5=1250000
        GOTO    TIMLP3              ; 2+24+1250000=1250026
        RETURN                      ; 1250026×0.4μS≒0.5S

        END                         ; プログラムの終了
```

課題の解答

```
; 課題3・16   4つのSWを4ビットの2進数とし点滅回数にして扱い、
;           7セグ2に"A"を点滅表示する          [k03_16.asm]
;
; RA0～3：入力    RA4，RB0～7：出力
;─────────────────────────────
        INCLUDE  P16F84A.INC  ; 標準ヘッダファイルの取込み
;
CNT1    EQU      H'0C'        ; 0C番地をCNT1にする
CNT2    EQU      H'0D'        ; 0D番地をCNT2にする
CNT3    EQU      H'0E'        ; 0E番地をCNT3にする
CNT4    EQU      H'0F'        ; 0F番地をCNT4にする
;
        ORG      H'00'        ; 00番地に指定
;
SETUP   BSF      STATUS,RP0   ; バンク1に変更
        MOVLW    B'00001111'  ; "0"は出力/"1"は入力
        MOVWF    TRISA        ; PORTAの設定
        MOVLW    B'00000000'  ; "0"は出力/"1"は入力
        MOVWF    TRISB        ; PORTBの設定
        BCF      STATUS,RP0   ; バンク0に変更
        CLRF     PORTA        ; PORTAをクリア
        CLRF     PORTB        ; PORTBをクリア
;
MAIN    MOVF     PORTA,W      ; SWデータ入力
        ANDLW    B'00001111'  ; 下位4ビットをANDマスク
        MOVWF    CNT4         ; CNT4←点滅回数
LP_1    MOVLW    B'11110111'  ; CODE A
        MOVWF    PORTB        ; 7セグ2に"A"を表示
        CALL     TIM05S       ; サブルーチンTIM05Sへ
        BCF      PORTB,7      ; 7セグ2を消灯
        CALL     TIM05S       ; サブルーチンTIM05Sへ
        DECFSZ   CNT4,F       ; CNT4←CNT4－1
        GOTO     LP_1         ; LP_1へ
END_1   GOTO     END_1        ; 無限ループ
;
;─────────────────────────────
; タイマサブルーチン
;
; 0.4mS
TIM4M   MOVLW    D'249'       ; ループカウント249回
        MOVWF    CNT1         ; 1＋1＝2
TIMLP1  NOP                   ; 何もしない
        DECFSZ   CNT1,F       ; CNT1←CNT1－1 ゼロで次をスキップ
        GOTO     TIMLP1       ; (1＋1＋2)×249－1＝995
        RETURN                ; 2＋995＋2＝999 999×0.4μS≒0.4mS

; 100mS
TIM100  MOVLW    D'249'       ; ループカウント249回
        MOVWF    CNT2         ; 1＋1＝2
TIMLP2  CALL     TIM4M        ; (2＋1＋2)×249－1＝1244
        DECFSZ   CNT2,F       ; 999×249＝248751
        GOTO     TIMLP2       ; 2＋248751＋1244＋2≒250000
        RETURN                ; 250000×0.4μS＝100mS
; 0.5S
TIM05S  MOVLW    D'5'         ; ループカウント5回
        MOVWF    CNT3         ; 1＋1＝2
TIMLP3  CALL     TIM100       ; (2＋1＋2)×5－1＝24
        DECFSZ   CNT3,F       ; 250000×5＝1250000
        GOTO     TIMLP3       ; 2＋24＋1250000＝1250026
        RETURN                ; 1250026×0.4μS≒0.5S
;
        END                   ; プログラムの終了
;─────────────────────────────

; 課題3・17   00～FFまでカウントし表示する       [k03_17.asm]
;
; RA0～3     ：入力    RA0：ONのカウント
; RA4，RB0～7：出力    RA1：ONのカウントダウン
;                    RA2：ON  リセット
;─────────────────────────────
        INCLUDE  P16F84A.INC  ; 標準ヘッダファイルの取込み
;
CNT1    EQU      H'0C'        ; 0C番地をCNT1にする
CNT2    EQU      H'0D'        ; 0D番地をCNT2にする
CNT3    EQU      H'0E'        ; 0E番地をCNT3にする
WK1     EQU      H'0F'        ; 0F番地をWK1にする
f_SW    EQU      H'10'        ; 10番地をf_SWにする
;
        ORG      H'00'        ; 00番地に指定
;
SETUP   BSF      STATUS,RP0   ; バンク1に変更
        MOVLW    B'00001111'  ; "0"は出力/"1"は入力
        MOVWF    TRISA        ; PORTAの設定
        MOVLW    B'00000000'  ; "0"は出力/"1"は入力
        MOVWF    TRISB        ; PORTBの設定
        BCF      STATUS,RP0   ; バンク0に変更
        CLRF     PORTA        ; PORTAをクリア
        CLRF     f_SW         ; f_SWをクリア
        CLRF     WK1          ; WK1をクリア
;
MAIN    CALL     D_SUB        ; 表示用サブルーチンへ
        BTFSC    PORTA,0      ; SW0をチェック
```

```
        GOTO    CNT             ; カウントアップへ
        BTFSC   PORTA,1         ; SW1 をチェック
        GOTO    DCNT            ; カウントダウンへ
        BTFSC   PORTA,2         ; SW2 をチェック
        GOTO    RSET            ; カウントリセットへ
        CLRF    f_SW            ; f_SW をクリア
        GOTO    MAIN            ; "MAIN"へ

;----------------------------------------
;   カウントリセット　ルーチン
;----------------------------------------
RSET    CLRF    WK1             ; WK1 をクリア
        CLRF    f_SW            ; f_SW をクリア
        GOTO    MAIN            ; "MAIN"へ

;----------------------------------------
;   カウントアップ　ルーチン
;----------------------------------------
CNT     BTFSC   f_SW,0          ; f_SW のビット 0 をチェック
        GOTO    MAIN            ; "MAIN"へ
        BSF     f_SW,0          ; f_SW のビット 0 を 1 にする
        INCF    WK1,F           ; WK1 ← WK1 ＋ 1
        GOTO    MAIN            ; "MAIN"へ

;----------------------------------------
;   カウントダウン　ルーチン
;----------------------------------------
DCNT    BTFSC   f_SW,1          ; f_SW のビット 1 をチェック
        GOTO    MAIN            ; "MAIN"へ
        BSF     f_SW,1          ; f_SW のビット 1 を 1 にする
        DECF    WK1,F           ; WK1 ← WK1 － 1
        GOTO    MAIN            ; "MAIN"へ

;----------------------------------------
;   表示用サブルーチン
;----------------------------------------
D_SUB   BCF     PORTA,4         ; 7セグ 1 を消灯
        BCF     PORTB,7         ; 7セグ 2 を消灯
        MOVF    WK1,W           ; W ← WK1
        CALL    GET_7SEG        ; サブルーチン GET_7SEG へ
        MOVWF   PORTB           ; 1 桁目の数値設定
        BSF     PORTA,4         ; 7セグ 1 を表示
        CALL    TIM4M           ; サブルーチン TIM4M へ
        BCF     PORTA,4         ; 7セグ 1 を消灯
        SWAPF   WK1,W           ; W ← WK1 の上位と下位を入替え
        CALL    GET_7SEG        ; サブルーチン GET_7SEG へ
        MOVWF   PORTB           ; 2 桁目の数値設定
        BSF     PORTB,7         ; 7セグ 2 を表示
        CALL    TIM4M           ; サブルーチン TIM4M へ
        BCF     PORTB,7         ; 7セグ 2 を消灯
        RETURN                  ; サブルーチンから戻る

;----------------------------------------
;   タイマサブルーチン
;----------------------------------------
; 0.4mS
TIM4M   MOVLW   D'249'          ; ループカウント 249 回
        MOVWF   CNT1            ; 1 ＋ 1 ＝ 2
TIMLP1  NOP                     ; 何もしない
        DECFSZ  CNT1,F          ; CNT1 ← CNT1 － 1 ゼロで次をスキップ
        GOTO    TIMLP1          ; (1 ＋ 1 ＋ 2)× 249 － 1 ＝ 995
        RETURN                  ; 2 ＋ 995 ＋ 2 ＝ 999 999 × 0.4μS ≒ 0.4mS

;----------------------------------------
; 7セグ データ取得サブルーチン
;----------------------------------------
GET_7SEG ANDLW  B'00001111'     ; 下位 4 ビットを AND マスク
        ADDWF   PCL,F           ; PCL に下位アドレス加算
        RETLW   B'00111111'     ; CODE 0 を w レジスタに入れてリターン
        RETLW   B'00000110'     ; CODE 1 を w レジスタに入れてリターン
        RETLW   B'01011011'     ; CODE 2 を w レジスタに入れてリターン
        RETLW   B'01001111'     ; CODE 3 を w レジスタに入れてリターン
        RETLW   B'01100110'     ; CODE 4 を w レジスタに入れてリターン
        RETLW   B'01101101'     ; CODE 5 を w レジスタに入れてリターン
        RETLW   B'01111101'     ; CODE 6 を w レジスタに入れてリターン
        RETLW   B'00000111'     ; CODE 7 を w レジスタに入れてリターン
        RETLW   B'01111111'     ; CODE 8 を w レジスタに入れてリターン
        RETLW   B'01100111'     ; CODE 9 を w レジスタに入れてリターン
        RETLW   B'01110111'     ; CODE A を w レジスタに入れてリターン
        RETLW   B'01111100'     ; CODE B を w レジスタに入れてリターン
        RETLW   B'00111001'     ; CODE C を w レジスタに入れてリターン
        RETLW   B'01011110'     ; CODE D を w レジスタに入れてリターン
        RETLW   B'01111001'     ; CODE E を w レジスタに入れてリターン
        RETLW   B'01110001'     ; CODE F を w レジスタに入れてリターン

        END                     ; プログラムの終了

;----------------------------------------
; 課題 3・18　16 進数のストップウォッチ          [k03_18.asm]
;----------------------------------------
; RA0 ～ 3     ：入力     RA0  ON     スタート
; RA4, RB0 ～ 7 ：出力    RA1  ON     ストップ
;                         RA2  ON     リセット
```

200 課題の解答

```
        INCLUDE   P16F84A.INC    ; 標準ヘッダファイルの取込み
;
CNT1    EQU       H'0C'          ; 0C番地をCNT1にする
CNT2    EQU       H'0D'          ; 0D番地をCNT2にする
CNT3    EQU       H'0E'          ; 0E番地をCNT3にする
WK1     EQU       H'0F'          ; 0F番地をWK1にする
;
        ORG       H'00'          ; 00番地に指定
;
SETUP   BSF       STATUS,RP0     ; バンク1に変更
        MOVLW     B'00001111'    ; "0"は出力/"1"は入力
        MOVWF     TRISA          ; PORTAの設定
        MOVLW     B'00000000'    ; "0"は出力/"1"は入力
        MOVWF     TRISB          ; PORTBの設定
        BCF       STATUS,RP0     ; バンク0に変更
        CLRF      PORTA          ; PORTAをクリア
;
MAIN    CLRF      WK1            ; WK1をクリア
        CLRW                     ; Wをクリア
        CALL      GET_7SEG       ; サブルーチンGET_7SEGへ
        MOVWF     PORTB          ; 表示データ"00"設定
        BSF       PORTA,4        ; 7セグ1を表示
        BSF       PORTB,7        ; 7セグ2を表示
        BTFSS     PORTA,0        ; SW0をチェック
        GOTO      MAIN           ; "MAIN"へ
LP_3    MOVLW     D'05'          ; 時間調整用
        MOVWF     CNT3           ; CNT3 ← 5
LP_2    MOVLW     D'249'         ; 時間調整用
        MOVWF     CNT2           ; CNT2 ← 249
LP_1    CALL      D_SUB          ; 表示用サブルーチンへ
        DECFSZ    CNT2,F         ; CNT2 ← CNT2 - 1
        GOTO      LP_1           ; LP_1へ
        DECFSZ    CNT3,F         ; CNT3 ← CNT3 - 1
        GOTO      LP_2           ; LP_2へ
        BTFSC     PORTA,1        ; SW1をチェック
        GOTO      STOP1          ; ストップへ
        BTFSC     PORTA,2        ; SW2をチェック
        GOTO      MAIN           ; "MAIN"へ
        INCF      WK1,F          ; カウントアップ
        GOTO      LP_3           ; LP_3へ
;
STOP1   CALL      D_SUB          ; 表示用サブルーチンへ
        BTFSC     PORTA,2        ; SW2をチェック
        GOTO      MAIN           ; "MAIN"へ
        BTFSC     PORTA,0        ; SW0をチェック
        GOTO      LP_3           ; LP_3へ
        GOTO      STOP1          ; STPO1へ
;
; 表示用サブルーチン
;
D_SUB   BCF       PORTA,4        ; 7セグ1を消灯
        BCF       PORTB,7        ; 7セグ2を消灯
        MOVF      WK1,W          ; W ← WK1
        CALL      GET_7SEG       ; パターン取得サブルーチンへ
        MOVWF     PORTB          ; 1桁目を設定
        BSF       PORTA,4        ; 7セグ1を表示
        CALL      TIM4M          ; サブルーチンTIM4Mへ
        BCF       PORTA,4        ; 7セグ1を消灯
        SWAPF     WK1,W          ; W←WK1の上位と下位を入れ替えて
        CALL      GET_7SEG       ; パターン取得サブルーチン
        MOVWF     PORTB          ; 2桁目を設定
        BSF       PORTB,7        ; 7セグ2を表示
        CALL      TIM4M          ; サブルーチンTIM4Mへ
        RETURN                   ; サブルーチンから戻る
;
; タイマサブルーチン
;
; 0.4mS
TIM4M   MOVLW     D'249'         ; ループカウント249回
        MOVWF     CNT1           ; 1+1=2
TIMLP1  NOP                      ; 何もしない
        DECFSZ    CNT1,F         ; CNT1←CNT1-1 ゼロで次をスキップ
        GOTO      TIMLP1         ; (1+1+2)×249-1=995
        RETURN                   ; 2+995+2=999 999×0.4μS≒0.4mS
;
; 7セグ データ取得サブルーチン
;
GET_7SEG ANDLW    B'00001111'    ; 下位4ビットをANDマスク
        ADDWF     PCL,F          ; PCLに下位アドレス加算
        RETLW     B'00111111'    ; CODE 0をwレジスタに入れてリターン
        RETLW     B'00000110'    ; CODE 1をwレジスタに入れてリターン
        RETLW     B'01011011'    ; CODE 2をwレジスタに入れてリターン
        RETLW     B'01001111'    ; CODE 3をwレジスタに入れてリターン
        RETLW     B'01100110'    ; CODE 4をwレジスタに入れてリターン
        RETLW     B'01101101'    ; CODE 5をwレジスタに入れてリターン
        RETLW     B'01111101'    ; CODE 6をwレジスタに入れてリターン
        RETLW     B'00000111'    ; CODE 7をwレジスタに入れてリターン
        RETLW     B'01111111'    ; CODE 8をwレジスタに入れてリターン
        RETLW     B'01100111'    ; CODE 9をwレジスタに入れてリターン
        RETLW     B'01110111'    ; CODE Aをwレジスタに入れてリターン
```

課題の解答 201

```
            RETLW   B'01111100'     ; CODE BをWレジスタに入れてリターン
            RETLW   B'00111001'     ; CODE CをWレジスタに入れてリターン
            RETLW   B'01011110'     ; CODE DをWレジスタに入れてリターン
            RETLW   B'01111001'     ; CODE EをWレジスタに入れてリターン
            RETLW   B'01110001'     ; CODE FをWレジスタに入れてリターン

            END                     ; プログラムの終了
;
;───────────────────────────────────────
; 課題3·19 10進数のストップウォッチ    [k03_19.asm]
;───────────────────────────────────────
; RA0～3       :入力    RA0 ON    スタート
; RA4, RB0～7  :出力    RA1 ON    ストップ
;                       RA2 ON    リセット
;
            INCLUDE P16F84A.INC     ; 標準ヘッダファイルの取込み
;
CNT1        EQU     H'0C'           ; 0C番地をCNT1にする
CNT2        EQU     H'0D'           ; 0D番地をCNT2にする
CNT3        EQU     H'0E'           ; 0E番地をCNT3にする
WK1         EQU     H'0F'           ; 0F番地をWK1にする
;
            ORG     H'00'           ; 00番地に指定
;
SETUP       BSF     STATUS,RP0      ; バンク1に変更
            MOVLW   B'00001111'     ; "0"は出力/"1"は入力
            MOVWF   TRISA           ; PORTAの設定
            MOVLW   B'00000000'     ; "0"は出力/"1"は入力
            MOVWF   TRISB           ; PORTBの設定
            BCF     STATUS,RP0      ; バンク0に変更
            CLRF    PORTA           ; PORTAをクリア
;
MAIN        CLRF    WK1             ; WK1をクリア
            CLRW                    ; Wをクリア
            CALL    GET_7SEG        ; サブルーチンGET_7SEGへ
            MOVWF   PORTB           ; 表示データ"00"設定
            BSF     PORTA,4         ; 7セグ1を表示
            BSF     PORTB,7         ; 7セグ2を表示
            BTFSS   PORTA,0         ; SW0をチェック
            GOTO    MAIN            ; "MAIN"へ
LP_3        MOVLW   D'05'           ; 時間調整用
            MOVWF   CNT3            ; CNT3 ← 5
LP_2        MOVLW   D'249'          ; 時間調整用
            MOVWF   CNT2            ; CNT2 ← 249
LP_1        CALL    D_SUB           ; 表示用サブルーチンへ
            DECFSZ  CNT2,F          ; CNT2 ← CNT2 - 1
            GOTO    LP_1            ; LP_1へ
            DECFSZ  CNT3,F          ; CNT3 ← CNT3 - 1
            GOTO    LP_2            ; LP_2へ
            BTFSC   PORTA,1         ; SW1をチェック
            GOTO    STOP1           ; STOP1へ
            BTFSC   PORTA,2         ; SW2をチェック
            GOTO    MAIN            ; "MAIN"へ
            INCF    WK1,F           ; カウントアップ
            MOVF    WK1,W           ; W ← WK1
            CALL    C16_10          ; 16進→10進変換サブルーチンへ
            GOTO    LP_3            ; LP_3へ
;
STOP1       CALL    D_SUB           ; 表示用サブルーチンへ
            BTFSC   PORTA,2         ; SW2をチェック
            GOTO    MAIN            ; "MAIN"へ
            BTFSC   PORTA,0         ; SW0をチェック
            GOTO    LP_3            ; LP_3へ
            GOTO    STOP1           ; STPO1へ
;
;───────────────────────────────────────
; 10進変換サブルーチン
;   → WK1レジスタとWレジスタ16進数値
;   ← Wk1レジスタ10進数値
;───────────────────────────────────────
C16_10      ANDLW   B'00001111'     ; Wの下位4ビットチェック
            SUBLW   H'0A'           ; W ← W - H'0A'
            BTFSS   STATUS,Z        ; 16進数のAをチェック
            GOTO    NEXT1           ; A以外ならNEXT1へ
            MOVLW   H'06'           ; Aならば6を加算
            ADDWF   WK1,F           ; WK1 ← WK1 + W
NEXT1       SWAPF   WK1,W           ; WK1の上位4ビットチェック
            ANDLW   H'0F'           ; Wの下位4ビットをANDマスク
            SUBLW   H'0A'           ; W ← W - H'0A'
            BTFSS   STATUS,Z        ; 16進数のAをチェック
            RETURN                  ; A以外ならサブルーチンから戻る
            MOVLW   H'60'           ; Aならば60を加算
            ADDWF   WK1,F           ; WK1 ← WK1 + W
            RETURN                  ; サブルーチンから戻る
;
;───────────────────────────────────────
; 表示用サブルーチン
;───────────────────────────────────────
D_SUB       BCF     PORTA,4         ; 7セグ1を消灯
            BCF     PORTB,7         ; 7セグ2を消灯
            MOVF    WK1,W           ; W ← WK1
            CALL    GET_7SEG        ; パターン取得サブルーチンへ
            MOVWF   PORTB           ; 1桁目を設定
```

課題の解答

```
            BSF     PORTA,4         ; 7セグ1を表示
            CALL    TIM4M           ; サブルーチン TIM4M へ
            BCF     PORTA,4         ; 7セグ1を消灯
            SWAPF   WK1,W           ; W←WK1の上位と下位を入れ替えて
            CALL    GET_7SEG        ; パターン取得サブルーチン
            MOVWF   PORTB           ; 2桁目を設定
            BSF     PORTB,7         ; 7セグ2を表示
            CALL    TIM4M           ; サブルーチン TIM4M へ
            RETURN                  ; サブルーチンから戻る
;
; タイマサブルーチン
;
; 0.4mS ─────────
TIM4M       MOVLW   D'249'          ; ループカウント 249 回
            MOVWF   CNT1            ; 1+1=2
TIMLP1      NOP                     ; 何もしない
            DECFSZ  CNT1,F          ; CNT1←CNT1-1 ゼロで次をスキップ
            GOTO    TIMLP1          ; (1+1+2)×249-1=995
            RETURN                  ; 2+995+2=999 999×0.4μS≒0.4mS
;
; 7セグ データ取得サブルーチン─
;
GET_7SEG    ANDLW   B'00001111'     ; 下位4ビットを AND マスク
            ADDWF   PCL,F           ; PCL に下位アドレス加算
            RETLW   B'00111111'     ; CODE 0をwレジスタに入れてリターン
            RETLW   B'00000110'     ; CODE 1をwレジスタに入れてリターン
            RETLW   B'01011011'     ; CODE 2をwレジスタに入れてリターン
            RETLW   B'01001111'     ; CODE 3をwレジスタに入れてリターン
            RETLW   B'01100110'     ; CODE 4をwレジスタに入れてリターン
            RETLW   B'01101101'     ; CODE 5をwレジスタに入れてリターン
            RETLW   B'01111101'     ; CODE 6をwレジスタに入れてリターン
            RETLW   B'00000111'     ; CODE 7をwレジスタに入れてリターン
            RETLW   B'01111111'     ; CODE 8をwレジスタに入れてリターン
            RETLW   B'01100111'     ; CODE 9をwレジスタに入れてリターン
            RETLW   B'01110111'     ; CODE Aをwレジスタに入れてリターン
            RETLW   B'01111100'     ; CODE Bをwレジスタに入れてリターン
            RETLW   B'00111001'     ; CODE Cをwレジスタに入れてリターン
            RETLW   B'01011110'     ; CODE Dをwレジスタに入れてリターン
            RETLW   B'01111001'     ; CODE Eをwレジスタに入れてリターン
            RETLW   B'01110001'     ; CODE Fをwレジスタに入れてリターン
            END                     ; プログラムの終了
```

```
; 課題 6・1  SW1 を ON するとステッピングモータを
;           1相励磁方式で反時計方向に回転する  [k06_01.asm]
;
; RA0～3        :入力        RA1 : SW1
; RA4,RB0～7    :出力        RB0 : a相 / RB1 : b相
;                            RB2 : c相 / RB3 : d相
;
            INCLUDE P16F84A.INC     ; 標準ヘッダファイルの取込み
;
CNT1        EQU     H'0C'           ; 0C 番地を CNT1 にする
CNT2        EQU     H'0D'           ; 0D 番地を CNT2 にする
WK1         EQU     H'0E'           ; 0E 番地を WK1 にする
;
            ORG     H'00'           ; 00 番地に指定
;
SETUP       BSF     STATUS,RP0      ; バンク1に変更
            MOVLW   B'00001111'     ; "0"は出力/"1"は入力
            MOVWF   TRISA           ; PORTA の設定
            MOVLW   B'00000000'     ; "0"は出力/"1"は入力
            MOVWF   TRISB           ; PORTB の設定
            BCF     STATUS,RP0      ; バンク0に変更
            CLRF    PORTA           ; PORTA をクリア
            CLRF    PORTB           ; PORTB をクリア
            MOVLW   B'00010001'     ; STM データ
            MOVWF   WK1             ; STM の初期値設定
;
MAIN        BTFSS   PORTA,1         ; SW1 チェック
            GOTO    MAIN            ; "MAIN"へ
            MOVF    WK1,W           ; W←STM データ
            MOVWF   PORTB           ; STP に出力
            CALL    TIM             ; タイマ TIM へ
            RLF     WK1,F           ; 左にシフト
            BTFSS   STATUS,C        ; キャリーをチェック
            GOTO    MAIN            ; "MAIN"へ
            MOVLW   B'00010001'     ; データ変更
            MOVWF   WK1             ; WK1←STM データ
            GOTO    MAIN            ; "MAIN"へ
;
; タイマサブルーチン
;
; 0.4mS ─────────
TIM4M       MOVLW   D'249'          ; ループカウント 249 回
            MOVWF   CNT1            ; 1+1=2
```

```
TIMLP1  NOP                      ; 何もしない
        DECFSZ  CNT1,F           ; CNT1←CNT1-1 ゼロで次をスキップ
        GOTO    TIMLP1           ;(1+1+2)×249-1=995
        RETURN                   ; 2+995+2=999.999×0.4μS≒0.4mS
; 12.85mS
TIM     MOVLW   D'32'            ; ループカウント 32 回
        MOVWF   CNT2             ; CNT2←ループカウント
TIMLP2  CALL    TIM4M            ; 0.4mSタイマサブルーチンへ
        DECFSZ  CNT2,F           ; CNT2←CNT2-1
        GOTO    TIMLP2           ; TIMLP2へ
        RETURN                   ; サブルーチンから戻る

        END                      ; プログラムの終了

;
; 課題6・2 SW2をONするとステッピングモータを
;        2相励磁方式で時計方向に回転する  [k06_02.asm]
;
; RA0～3    :入力  RA2：SW2
; RA4,RB0～7:出力  RB0：a相 / RB1：b相
;                  RB2：c相 / RB3：d相
;

        INCLUDE P16F84A.INC      ; 標準ヘッダファイルの取込み
;
CNT1    EQU     H'0C'            ; 0C番地をCNT1にする
CNT2    EQU     H'0D'            ; 0D番地をCNT2にする
WK1     EQU     H'0E'            ; 0E番地をWK1にする
;
        ORG     H'00'            ; 00番地に指定
;
SETUP   BSF     STATUS,RP0       ; バンク1に変更
        MOVLW   B'00001111'      ; "0"は出力/"1"は入力
        MOVWF   TRISA            ; PORTAの設定
        MOVLW   B'00000000'      ; "0"は出力/"1"は入力
        MOVWF   TRISB            ; PORTBの設定
        BCF     STATUS,RP0       ; バンク0に変更
        CLRF    PORTA            ; PORTAをクリア
        CLRF    PORTB            ; PORTBをクリア
        MOVLW   B'00110011'      ; STMデータ
        MOVWF   WK1              ; STMの初期値設定
;
MAIN    BTFSS   PORTA,2          ; SW2チェック
        GOTO    MAIN             ; "MAIN"へ
        MOVF    WK1,W            ; W←STMデータ
        MOVWF   PORTB            ; STMに出力
```

```
        CALL    TIM4             ; タイマTIM4へ
        RRF     WK1,F            ; 右にシフト
        BTFSS   STATUS,C         ; キャリーをチェック
        GOTO    MAIN             ; "MAIN"へ
        BTFSS   WK1,0            ; ビット0チェック
        GOTO    NEXT1            ; 0ならばNEXT1へ
        MOVLW   B'10000001'      ; データ変更
        MOVWF   WK1              ; WK1←STMデータ
        GOTO    MAIN             ; "MAIN"へ
NEXT1   MOVLW   B'11001100'      ; データ変更
        MOVWF   WK1              ; WK1←STMデータ
        GOTO    MAIN             ; "MAIN"へ
;
; タイマサブルーチン
;
; 0.4mS
TIM4M   MOVLW   D'249'           ; ループカウント 249 回
        MOVWF   CNT1             ; 1+1=2
TIMLP1  NOP                      ; 何もしない
        DECFSZ  CNT1,F           ; CNT1←CNT1-1 ゼロで次をスキップ
        GOTO    TIMLP1           ;(1+1+2)×249-1=995
        RETURN                   ; 2+995+2=999.999×0.4μS≒0.4mS
; 4mS
TIM4    MOVLW   D'10'            ; ループカウント 10 回
        MOVWF   CNT2             ; CNT2←ループカウント
TIMLP2  CALL    TIM4M            ; 0.4mSタイマサブルーチンへ
        DECFSZ  CNT2,F           ; CNT2←CNT2-1
        GOTO    TIMLP2           ; TIMLP2へ
        RETURN                   ; サブルーチンから戻る

        END                      ; プログラムの終了

;
; 課題6・3 SW3をONするとステッピングモータを2相励磁方式で
;        時計方向に1回転して止まる  [k06_03.asm]
;
; RA0～3    :入力  RA3：SW3
; RA4,RB0～7:出力  RB0：a相 / RB1：b相
;                  RB2：c相 / RB3：d相
;

        INCLUDE P16F84A.INC      ; 標準ヘッダファイルの取込み
;
CNT1    EQU     H'0C'            ; 0C番地をCNT1にする
CNT2    EQU     H'0D'            ; 0D番地をCNT2にする
```

課題の解答

```
WK1     EQU     H'0E'           ; 0E番地をWK1にする
STEP    EQU     H'0F'           ; 0F番地をSTEPにする
;
        ORG     H'00'           ; 00番地に指定
;
SETUP   BSF     STATUS,RP0      ; バンク1に変更
        MOVLW   B'00001111'     ; "0"は出力／"1"は入力
        MOVWF   TRISA           ; PORTAの設定
        MOVLW   B'00000000'     ; "0"は出力／"1"は入力
        MOVWF   TRISB           ; PORTBの設定
        BCF     STATUS,RP0      ; バンク0に変更
        CLRF    PORTA           ; PORTAをクリア
        CLRF    PORTB           ; PORTBをクリア
        MOVLW   B'00110011'     ; STMデータ
        MOVWF   WK1             ; STMの初期値設定
        MOVLW   D'200'          ; ステップ回数200回
        MOVWF   STEP            ; STEP←ステップ回数設定
;
MAIN    BTFSS   PORTA,3         ; SW3チェック
        GOTO    MAIN            ; "MAIN"へ
;
LP1     CALL    CW2             ; 時計方向回転サブルーチンへ
        DECFSZ  STEP,F          ; STEP←STEP－1
        GOTO    LP1             ; LP1へ
LP2     GOTO    LP2             ; LP2へ
;
; 時計方向2相励磁サブルーチン
;
CW2     MOVF    WK1,W           ; W←STMデータ
        MOVWF   PORTB           ; STMに出力
        CALL    TIM4            ; タイマTIM4へ
        RRF     WK1,F           ; 右にシフト
        BTFSS   STATUS,C        ; キャリーをチェック
        RETURN                  ; サブルーチンから戻る
        BTFSS   WK1,0           ; ビット0チェック
        GOTO    NEXT1           ; 0ならばNEXT1へ
        MOVLW   B'10000001'     ; データ変更
        MOVWF   WK1             ; WK1←STMデータ
        RETURN                  ; サブルーチンから戻る
;
NEXT1   MOVLW   B'11001100'     ; データ変更
        MOVWF   WK1             ; WK1←STMデータ
        RETURN                  ; サブルーチンから戻る
;
; タイマサブルーチン
;
```

```
;                                              ; 0.4mS
TIM4M   MOVLW   D'249'          ; ループカウント249回
        MOVWF   CNT1            ; 1＋1＝2
TIMLP1  NOP                     ; 何もしない
        DECFSZ  CNT1,F          ; CNT1←CNT1－1 ゼロで次をスキップ
        GOTO    TIMLP1          ;(1＋1＋2)×249－1＝995
        RETURN                  ; 2＋995＋2＝999 999×0.4μS≒0.4mS
; 4mS
TIM4    MOVLW   D'10'           ; ループカウント10回
        MOVWF   CNT2            ; CNT2←ループカウント
TIMLP2  CALL    TIM4M           ; 0.4mSタイマサブルーチンへ
        DECFSZ  CNT2,F          ; CNT2←CNT2－1
        GOTO    TIMLP2          ; TIMLP2へ
        RETURN                  ; サブルーチンから戻る
;
        END                     ; プログラムの終了
```

; 課題6・4 SW0をONすると ステッピングモータを2相励磁方
;   式で時計方向に2回転してから、反時計方向に3回転
;   して止まる   [k06_04.asm]
;
; RA0～3   ：入力   RA0：SW0
; RA4、RB0～7：出力   RB0：a相 ／ RB1：b相
;   RB2：c相 ／ RB3：d相
;

```
        INCLUDE P16F84A.INC     ; 標準ヘッダファイルの取込み
;
CNT1    EQU     H'0C'           ; 0C番地をCNT1にする
CNT2    EQU     H'0D'           ; 0D番地をCNT2にする
WK1     EQU     H'0E'           ; 0E番地をWK1にする
STEP    EQU     H'0F'           ; 0F番地をSTEPにする
;
        ORG     H'00'           ; 00番地に指定
;
SETUP   BSF     STATUS,RP0      ; バンク1に変更
        MOVLW   B'00001111'     ; "0"は出力／"1"は入力
        MOVWF   TRISA           ; PORTAの設定
        MOVLW   B'00000000'     ; "0"は出力／"1"は入力
        MOVWF   TRISB           ; PORTBの設定
        BCF     STATUS,RP0      ; バンク0に変更
        CLRF    PORTA           ; PORTAをクリア
        CLRF    PORTB           ; PORTBをクリア
        MOVLW   B'00110011'     ; STMデータ
        MOVWF   WK1             ; STMの初期値設定
```

```
;
MAIN    BTFSS   PORTA,0         ; SW0 チェック
        GOTO    MAIN            ; "MAIN"へ

        CALL    CW2_1           ; 時計方向1回転サブルーチンへ
        CALL    CW2_1           ; 時計方向1回転サブルーチンへ
        RLF     WK1,F           ; 1ステップ戻す
        CALL    CCW2_1          ; 反時計方向1回転サブルーチンへ
        CALL    CCW2_1          ; 反時計方向1回転サブルーチンへ
        CALL    CCW2_1          ; 反時計方向1回転サブルーチンへ

LP2     GOTO    LP2             ; 停止（無限ループ）
;
;       時計方向1回転2相励磁サブルーチン
;
CW2_1   MOVLW   D'200'          ; ステップ数200回設定
        MOVWF   STEP            ; STEP←ステップ回数
CWLP    CALL    CW2             ; 時計方1ステップ2相励磁サブルーチンへ
        DECFSZ  STEP,F          ; STEP←STEP－1
        GOTO    CWLP            ; CWLPへ
        RETURN                  ; サブルーチンから戻る

CW2     MOVF    WK1,W           ; W←STMデータ
        MOVWF   PORTB           ; STMに出力
        CALL    TIM             ; タイマへ
        RRF     WK1,F           ; 右にシフト
        BTFSS   STATUS,C        ; キャリーをチェック
        RETURN                  ; サブルーチンから戻る
        BTFSS   WK1,0           ; ビット0チェック
        GOTO    NEXT1           ; 0ならばNEXT1へ
        MOVLW   B'10011001'     ; データ変更
        MOVWF   WK1             ; WK1←STMデータ
        RETURN                  ; サブルーチンから戻る

NEXT1   MOVLW   B'11001100'     ; データ変更
        MOVWF   WK1             ; WK1←STMデータ
        RETURN                  ; サブルーチンから戻る
;
;       反時計方向1回転2相励磁サブルーチン
;
CCW2_1  MOVLW   D'200'          ; ステップ数200回設定
        MOVWF   STEP            ; STEP←ステップ回数
CCWLP   CALL    CCW2            ; 時計方1ステップ2相励磁サブルーチンへ
        DECFSZ  STEP,F          ; STEP←STEP－1
        GOTO    CCWLP           ; CCWLPへ
```

```
        RETURN                  ; サブルーチンから戻る

CCW2    MOVF    WK1,W           ; W←STMデータ
        MOVWF   PORTB           ; STMに出力
        CALL    TIM             ; タイマへ
        RLF     WK1,F           ; 左にシフト
        BTFSS   STATUS,C        ; キャリーをチェック
        RETURN                  ; サブルーチンから戻る
        BTFSS   WK1,7           ; ビット7チェック
        GOTO    NEXT2           ; 0ならばNEXT2へ
        MOVLW   B'10011001'     ; データ変更
        MOVWF   WK1             ; WK1←STMデータ
        RETURN                  ; サブルーチンから戻る

NEXT2   MOVLW   B'00110011'     ; データ変更
        MOVWF   WK1             ; WK1←STMデータ
        RETURN                  ; サブルーチンから戻る
;
;       タイマサブルーチン
;
; 0.4mS
TIM4M   MOVLW   D'249'          ; ループカウント249回
        MOVWF   CNT1            ; 1＋1＝2
TIMLP1  NOP                     ; 何もしない
        DECFSZ  CNT1,F          ; CNT1←CNT1－1 ゼロで次をスキップ
        GOTO    TIMLP1          ; (1＋1＋2)×249－1＝995
        RETURN                  ; 2＋995＋2＝999 999×0.4μS≒0.4mS
; 12.85mS
TIM     MOVLW   D'32'           ; ループカウント32回
        MOVWF   CNT2            ; CNT2←ループカウント
TIMLP2  CALL    TIM4M           ; 0.4mSタイマサブルーチンへ
        DECFSZ  CNT2,F          ; CNT2←CNT2－1
        GOTO    TIMLP2          ; TIMLP2へ
        RETURN                  ; サブルーチンから戻る

        END                     ; プログラムの終了

;       課題6・5 SW0をONするとステッピングモータを2相励磁方式で
;              時計方向に6回転（1・2回転目は低速回転、3・4回
;              転目は高速回転、5・6回転目は低速回転）して止まる
;                                                  [k06_05.asm]
;       RA0～3     ：入力    RA0：SW0
;       RA4、RB0～7：出力    RB0：a相  ／ RB1：b相
;                           RB2：c相  ／ RB3：d相
```

206 課題の解答

```
;--------------------------------
        INCLUDE   P16F84A.INC    ; 標準ヘッダファイルの取込み
;
CNT1    EQU       H'0C'          ; 0C 番地を CNT1 にする
CNT2    EQU       H'0D'          ; 0D 番地を CNT2 にする
CNTD    EQU       H'0E'          ; 0E 番地を CNTD にする
WK1     EQU       H'0F'          ; 0F 番地を WK1 にする
STEP    EQU       H'10'          ; 10 番地を STEP にする
;
        ORG       H'00'          ; 00 番地に指定
;--------------------------------
SETUP   BSF       STATUS,RP0     ; バンク 1 に変更
        MOVLW     B'00001111'    ; "0"は出力/"1"は入力
        MOVWF     TRISA          ; PORTA の設定
        MOVLW     B'00000000'    ; "0"は出力/"1"は入力
        MOVWF     TRISB          ; PORTB の設定
        BCF       STATUS,RP0     ; バンク 0 に変更
        CLRF      PORTA          ; PORTA をクリア
        CLRF      PORTB          ; PORTB をクリア
        MOVLW     B'00110011'    ; STM データ
        MOVWF     WK1            ; STM の初期値設定
;
MAIN    BTFSS     PORTA,0        ; SW0 チェック
        GOTO      MAIN           ; "MAIN"へ

        MOVLW     H'28'          ; 低速タイマ定数
        MOVWF     CNTD           ; CNTD ← タイマ定数設定
        CALL      CW2_1          ; 時計方向1回転サブルーチンへ
        CALL      CW2_1          ; 時計方向1回転サブルーチンへ

        MOVLW     H'0A'          ; 高速タイマ定数
        MOVWF     CNTD           ; CNTD ← タイマ定数設定
        CALL      CW2_1          ; 時計方向1回転サブルーチンへ
        CALL      CW2_1          ; 時計方向1回転サブルーチンへ

        MOVLW     H'28'          ; 低速タイマ定数
        MOVWF     CNTD           ; CNTD ← タイマ定数設定
        CALL      CW2_1          ; 時計方向1回転サブルーチンへ
        CALL      CW2_1          ; 時計方向1回転サブルーチンへ

LP2     GOTO      LP2            ; 停止 (無限ループ)
;--------------------------------
; 時計方向1回転2相励磁サブルーチン
;--------------------------------
CW2_1   MOVLW     D'200'         ; ステップ数 200 回設定
        MOVWF     STEP           ; STEP ← ステップ回数
CWLP    CALL      CW2            ; 時計方向1ステップ回転2相励磁サブルーチンへ
        DECFSZ    STEP,F         ; STEP ← STEP - 1
        GOTO      CWLP           ; CWLP へ
        RETURN                   ; サブルーチンから戻る

CW2     MOVF      WK1,W          ; W ← STM データ
        MOVWF     PORTB          ; STM に出力
        CALL      TIM            ; タイマへ
        RRF       WK1,F          ; 右にシフト
        BTFSS     STATUS,C       ; キャリーをチェック
        RETURN                   ; サブルーチンから戻る
        BTFSS     WK1,0          ; ビット 0 チェック
        GOTO      NEXT1          ; 0 ならば NEXT1 へ
        MOVLW     B'10011001'    ; データ変更
        MOVWF     WK1            ; WK1 ← STM データ
        RETURN                   ; サブルーチンから戻る

NEXT1   MOVLW     B'11001100'    ; データ変更
        MOVWF     WK1            ; WK1 ← STM データ
        RETURN                   ; サブルーチンから戻る
;
; タイマサブルーチン
;
; 0.4mS ---------------------
TIM4M   MOVLW     D'249'         ; ループカウント 249 回
        MOVWF     CNT1           ; 1+1=2
TIMLP1  NOP                      ; 何もしない
        DECFSZ    CNT1,F         ; CNT1 ← CNT1 - 1 ゼロで次をスキップ
        GOTO      TIMLP1         ; (1+1+2)×249-1=995
        RETURN                   ; 2+995+2=999 999×0.4μS≒0.4mS

; CTND タイマ ----------------
TIM     MOVF      CNTD,W         ; W ← タイマ定数
        MOVWF     CNT2           ; CNT2 ← タイマ定数
TIMLP2  CALL      TIM4M          ; 0.4mS タイマサブルーチンへ
        DECFSZ    CNT2,F         ; CNT2 ← CNT2 - 1
        GOTO      TIMLP2         ; TIMLP2 へ
        RETURN                   ; サブルーチンから戻る

        END                      ; プログラムの終了

; 課題 8・1  25mS 毎に割り込みがかかり PORTB が +1 する
;                                                [k08_01.asm]
```

```
; OPTION_REGの設定 (B'10000101')
;         PORT B              プルアップしない       1
;         INTピン              立下り              0
;         TMR0                内部クロック          0
;         TMR0のエッジ         立上がり            0
;         プリスケーラ          TMR0 使用           0
;         プリスケーラの値       256              111
;

; ─────────────────────────────────
OP_SET   EQU      B'10000111'   ; OPTION_REGの値
T1       EQU      D'12'         ; タイム定数[256－INT(25ms/(0.4μs*256))]
SHEL_W   EQU      H'0C'         ; Wレジスタ退避場所
SHEL_S   EQU      H'0D'         ; STATUSレジスタ退避場所

WK1      EQU      H'0E'         ; PORTBデータ
WK2      EQU      H'0F'         ; 0F番地をWK2にする

;        INCLUDE  P16F84A.INC   ; 標準ヘッダファイルの取込み

;
         ORG      H'00'         ; 00番地に指定
         GOTO     INITI         ; 初期設定へ

;
         ORG      4             ; 割り込み先頭番地
         GOTO     INT_SUB       ; 割り込み処理へ

;
INITI                           ; 初期設定
         BSF      STATUS,RP0    ; バンク1に変更
         MOVLW    OP_SET        ; OPTION_REGのデータB'10000111'
         MOVWF    OPTION_REG    ; OPTION_REGに設定

         MOVLW    B'00001111'   ; "0"は出力/"1"は入力
         MOVWF    TRISA         ; PORTAの設定
         MOVLW    B'00000000'   ; "0"は出力/"1"は入力
         MOVWF    TRISB         ; PORTBの設定
         BCF      STATUS,RP0    ; バンク0に変更

         MOVLW    T1            ; TMR0のデータD'12'
         MOVWF    TMR0          ; TMR0にカウント値設定

         CLRF     WK1           ; 出力データクリア

INT_E                           ; 割り込み許可の設定
         BSF      INTCON,T0IE   ; タイマ割り込み許可(T0IE EQU D'5')
         BSF      INTCON,GIE    ; 全体割り込み許可(GIE EQU D'7')

;
MAIN     MOVF     WK1,W         ; W←出力データ
         MOVWF    PORTB         ; データ出力
         GOTO     MAIN          ; "MAIN"へ

;
INT_SUB                         ; 割り込み処理サブルーチン
         BCF      INTCON,T0IF   ; TMR0の割り込みフラグ リセット

         MOVWF    SHEL_W        ; W_REG退避
         SWAPF    STATUS,W      ; STATUS_REG退避1
         MOVWF    SHEL_S        ; STATUS_REG退避2

         INCF     WK1,F         ; 割り込み処理
         MOVLW    D'8'          ; 時間調整用
         MOVWF    WK2           ; WK2←D'8'
INT_LP   DECFSZ   WK2,F         ; WK2←WK2－1
         GOTO     INT_LP        ; INT_LPへ

         MOVLW    T1            ; TMR0のデータD'12'
         MOVWF    TMR0          ; TMR0にカウント値再設定

         SWAPF    SHEL_S,W      ; STATUS_REG復帰1
         MOVWF    STATUS        ; STATUS_REG復帰2
         SWAPF    SHEL_W,F      ; W_REG復帰1
         SWAPF    SHEL_W,W      ; W_REG復帰2

         RETFIE                 ; 割り込み許可リターン

         END                    ; プログラムの終了
```

■ 部品の入手先

1. (株) 秋月電子通商
    - 秋葉原本店　〒101-0021　東京都千代田区外神田1-8-3　野本ビル
    - 通販部　〒158-0095　東京都世田谷区瀬田5-35-6
        - TEL　03-3251-1779　（月・木曜日定休）
        - FAX　03-3251-3357
        - URL　http://www.akizuki.ne.jp

2. サトー電気
    - 町田店　〒194-0022　東京都町田市森野1-35-10
        - TEL　042－725－2345　（火曜日定休）
    - 横浜店　〒222－0035　神奈川県横浜市港北区鳥山町1013
        - TEL　045-472-0848　（火曜日定休）
    - 川崎店（通販）　〒210-0001　神奈川県川崎市川崎区本町2-10-11
        - TEL　044-222-1505　（日祭日定休）

3. ツクモロボコンマガジン館
    - 〒101-0021　東京都千代田区外神田3-2-13
    - TEL　03-3251-0987
    - FAX　03-3251-0299

■ 参考文献

1. Data Sheet PIC16F8x（日本語版）
   Microchip Technology Inc.

2. PICアセンブラ入門
   浅川毅著　東京電機大学出版局

3. たのしくできるPIC電子工作
   後閑哲也著　東京電機大学出版局

4. 電子工作のためのPIC活用ガイドブック
   後閑哲也著　技術評論社

索　引

■ 命　令

ADDWF	70
ANDLW	58
BCF	48
BSF	48
BTFSC	54
BTFSS	54
CALL	64
CLRF	48
DECF	58
DECFSZ	64
END	49
EQU	58
GOTO	55
INCF	70
INCLUDE	48
IORWF	156
MOVF	58
MOVLW	48
MOVWF	48
NOP	64
ORG	49
RETFIE	134
RETLW	70
RETURN	64
RLF	105
RRF	105
SUBLW	70
SWAPF	70

■ 英数字

1-2相励磁	103
1相励磁	102
2相励磁	103
3端子レギュレータ	21
7セグメントLED	37
ANDマスク	58
CPU	1
FET	87
HEXファイル	17
LED	23
7セグメント——	37
LIFO	6
MPLAB	14,162
MPU	2
npn型	38
PC	6
pnp型	38
PWM制御	98
RISC型	4
Wレジスタ	10

■ あ　行

アキュムレータ	10
アクティブ・ハイ	26
アクティブ・ロー	26
アセンブラ	16,162

アセンブル 16
アニメーション表示 176
アノード 23
アノードコモン型 37

エディタ 162
エミッタ 38
演算装置 1

押しボタンスイッチ 26
オブジェクトプログラム 17
オペランド 12

■ か 行

カーボン皮膜抵抗 23
カソード 23
カソードコモン型 37
カラーコード 24

記憶装置 1
機械語命令 10
擬似命令 13

クロック用外付け回路 26

コール命令 60
コレクタ 38
コンデンサ 22

■ さ 行

サブルーチン 59

実行ファイル 17
シフト 105
シミュレーション 17
シミュレータ 162
ジャンパ線 42

出力装置 1

水晶発振子 27
スイッチング作用 39,89
ステッピングモータ 102
ステップ実行 177
ストレートピンヘッダ 25

制御装置 1
制限抵抗 23
セラミック発振子 26
セラロック 26
ゼロプレッシャーソケット 18
センサチェック紙 80

ソースファイル 15
ソースプログラム 15

■ た 行

ダイナミックドライブ 40
タイマルーチン 59
多重ループ 61
脱調 103

中央処理装置 1

抵抗 23
　カーボン皮膜── 23
　制限── 23
　プルアップ── 20
　保護── 23
テキストエディタ 15
テストピン 30
デューティ比 98
電解コンデンサ 22
電源回路 20

透過型　74
特殊レジスタ　7
トランジスタ　38

■ な 行

流れ図　15

ニーモニック　12
入出力ポート　10
入力装置　1

■ は 行

パフォーマンスロボット　139
パルス幅変調制御　98
パルスモータ　102
バンク　8
反射型　74
汎用レジスタ　7

引数　65
標準定義ファイル　46

ファイルレジスタ　7
フォトインタラプタ　74
フォトトランジスタ　73
フライホイールダイオード　88
フラッシュメモリ　2
プリント基板　28
プルアップ　20
プルアップ抵抗　20
プルダウン　20
ブレークポイント　179
フローチャート　15
プログラムカウンタ　6
プログラムライタ　180
プロジェクトマネージャ　162

ベース　38
ポーリング方法　50
保護抵抗　23

■ ま 行

マイクロコンピュータ　1
マクロ命令　13

命令
　機械語──　10
　擬似──　13
　マクロ──　13
命令サイクルタイム　60
メモリIC　2

戻り値　65

■ ら 行

ライタプログラム　162
ライントレースロボット　110
ラベル　10

リセット回路　25
リターン命令　60

励磁方式　102
レジスタ
　W（ワーキング）──　10
　特殊──　7
　汎用──　7
　ファイル──　7

■ わ 行

ワーキングレジスタ　10
割り込み処理　127

〈監修者・著者紹介〉

浅川　毅（あさかわ たけし）

学　歴	東海大学 工学部 電子工学科卒業（1984年） 東京都立大学大学院 工学研究科 博士課程修了（2001年） 博士（工学）
職　歴	東京都立六郷工科高等学校 開設準備室 東海大学 電子情報学部 講師（非常勤） 東京都立大学大学院 工学研究科 客員研究員 第一種情報処理技術者
著　書	「図解 やさしい論理回路の設計」（オーム社） 「PICアセンブラ入門」（東京電機大学出版局） 「基礎 コンピュータ工学」（東京電機大学出版局）他

青木 正彦（あおき まさひこ）

学　歴	東京電機大学 工学部 電気工学科卒業（1979年）
職　歴	東京都立町田工業高等学校 総合情報科 教諭
著　書	「実習 ポケコン制御とシーケンス制御」共著（オーム社） 「実習 電子技術」共著（オーム社）他

たのしくできる PICロボット工作

2003年10月30日　第1版1刷発行

監修者　浅川　毅
著　者　青木 正彦

発行者　学校法人　東京電機大学
　　　　代表者　丸山孝一郎
発行所　東京電機大学出版局
　　　　〒101-8457
　　　　東京都千代田区神田錦町2-2
　　　　振替口座　00160-5-71715
　　　　電話　(03)5280-3433（営業）
　　　　　　　(03)5280-3422（編集）

印刷　シナノ印刷（株）
製本　渡辺製本（株）
装丁　高橋壮一

© Asakawa Takeshi, Aoki Masahiko　2003
Printed in Japan

＊無断で転載することを禁じます．
＊落丁・乱丁本はお取替えいたします．
ISBN 4-501-32310-8　C3053

「たのしくできる」シリーズ

たのしくできる
やさしいエレクトロニクス工作
西田和明 著　　A5判　148頁

光の回路／マスコット蛍光灯／電子オルガン／集音アンプ／鉱石ラジオ／レフレックスラジオ／ワイヤレスミニTV送信器／アイデア回路／電気びっくり箱／念力判定器／半導体テスタ

たのしくできる
やさしい電源の作り方
西田和明・矢野勲 共著　　A5判　172頁

基礎知識／手作り電池／ポータブル電源の製作／車載用電圧コンバータ／カーバッテリー用充電器／ポケット蛍光灯／固定電源の製作／出力可変のマルチ1.5A安定化電源／13.8V定電圧電源

たのしくできる
やさしいアナログ回路の実験
白土義男 著　　A5判　196頁

トランジスタ回路の実験／増幅回路の実験／FET回路の実験／オペアンプの実験／発振回路の実験／オペアンプ応用回路の実験／光センサ回路／温度センサ回路／定電圧電源回路／リミッタ回路

たのしくできる
センサ回路と制御実験
鈴木美朗志 著　　A5判　200頁

光・温度センサ回路／磁気・赤外線センサ回路／超音波・衝撃・圧力センサ回路／Z-80 CPUの周辺回路と制御実験／センサ回路を使用した制御実験／A-D・D-Aコンバータを使用した制御実験

たのしくできる
単相インバータの製作と実験
鈴木美朗志 著　　A5判　160頁

インバータによる誘導モータの速度制御／直流電源回路／リレーシーケンス回路／PWM制御回路／周波数カウンタ回路／単相インバータの組立て／機械の速度制御／位相制御回路

たのしくできる
やさしい電子ロボット工作
西田和明 著　　A5判　136頁

工作ノウハウ／プリント基板の作り方／ライントレースカー／光探査ロボットカー／ボイスコントロール式ロボットボート／タッチロボット／脱輪復帰ロボット／超音波ロボットマウス

たのしくできる
やさしいメカトロ工作
小峯龍男 著　　A5判　172頁

道具と部品／標準の回路とメカニズム／ノコノコ歩くロボット／電源を用意する／光で動かす／音を利用する／ライントレーサ／相撲ロボット競技に挑戦／ロケット花火発射台／自動ブラインド

たのしくできる
やさしいディジタル回路の実験
白土義男 著　　A5判　184頁

回路図の見方／回路部品の図記号／回路図の書き方／測定器の使い方／ゲートICの実験／規格表の見方／マルチバイブレータの実験／フリップフロップの実験／カウンタの実験

たのしくできる
PCメカトロ制御実験
鈴木美朗志 著　　A5判　208頁

PC入出力装置／基本回路のプログラミング／応用回路のプログラミング／ベルトコンベヤと周辺装置／ベルトコンベヤを利用した吾種の制御／ステッピングモータとDCモータの制御

たのしくできる
並列処理コンピュータ
小畑正貴 著　　A5判　208頁

実験用マルチプロセッサボードmpSHのハードウェア／並列ライブラリプログラム／並列プログラムの実行方法／並列プログラムの基礎／応用問題／分散メモリプログラミング（MPI）

＊ 定価，図書目録のお問い合わせ・ご要望は出版局までお願いいたします。
URL　http://www.dendai.ac.jp/press/

MPU関連図書

PICアセンブラ入門
浅川毅 著　A5判　184頁

マイコンとPIC16F84／マイコンでのデータの扱い／アセンブラ言語／基本プログラムの作成／応用プログラムの作成／マイクロマウスのプログラム

H8マイコン入門
堀桂太郎 著　A5判　208頁

マイコン制御の基礎／H8マイコンとは／マイコンでのデータ表現／H8/3048Fマイコンの基礎／アセンブラ言語による実習／C言語による実習／H8命令セット一覧／マイコンなどの入手先

たのしくできる PIC電子工作 －CD-ROM付－
後閑哲也 著　A5判　202頁

PICって？／PICの使い方／まず動かしてみよう／電子ルーレットゲーム／光線銃による早撃ちゲーム／超音波距離計／リモコン月面走行車／周波数カウンタ／入出力ピンの使い方

たのしくできる C&PIC制御実験
鈴木美朗志 著　A5判　208頁

ステッピングモータの制御／センサ回路を利用した実用装置／単相誘導モータの制御／ベルトコンベヤの制御／割込み実験／7セグメントLEDの点灯制御／自走三輪車／CコンパイラとPICライタ

図解 Z80マイコン応用システム入門 ソフト編 第2版
柏谷・佐野・中村 共著　A5判　258頁

マイコンとは／マイコンおけるデータ表現／マイコンの基本構成と動作／Z80MPUの概要／Z80のアセンブラ／Z80の命令／プログラム開発／プログラム開発手順／Z80命令一覧表

H8アセンブラ入門
浅川毅・堀桂太郎 共著　A5判　224頁

マイコンとH8/300Hシリーズ／マイコンでのデータの扱い／アセンブラ言語／基本プログラムの作成／応用プログラムの作成／プログラム開発ソフトの利用

H8ビギナーズガイド
白土義男 著　B5変判　248頁

D/AとA/Dの同時変換／ITUの同期/PWMモードでノンオーバラップ3相パルスの生成／SCIによるシリアルデータ送信／DMACで4相パルス生成／サイン波と三角波の生成

Cによる PIC活用ブック
高田直人 著　B5判　344頁

マイコンの基礎知識／Cコンパイラ／プログラム開発環境の準備／実験用マイコンボードの製作／C言語によるPICプログラミングの基礎／PICマイコン制御の基礎演習／PICマイコンの応用事例

たのしくできる PICプログラミングと制御実験
鈴木美朗志 著　A5判　244頁

DCモータの制御／単相誘導モータの制御／ステッピングモータの制御／センサ回路を利用した実用回路／7セグメントLED点灯制御／割込み実験／MPLABとPICライタ／ポケコンによるPIC制御

図解 Z80マイコン応用システム入門 ハード編 第2版
柏谷・佐野・中村・若島 共著　A5判　276頁

Z80MPU／MPU周辺回路の設計／メモリ／I/Oインタフェース／パラレルデータ転送／シリアルデータ転送／割込み／マイコン応用システム／システム開発

＊定価、図書目録のお問い合わせ・ご要望は出版局までお願いいたします。
URL　http://www.dendai.ac.jp/press/

基礎機械工学図書

わかりやすい機械教室
機械力学 考え方・解き方 演習付

小山十郎 著　A5判　214頁　2色刷

好評の「機械の力学考え方解き方I 機械力学編」を全面的に見直し，SI単位系に切り換えると共に書名を「機械力学考え方解き方」とした。講習会のテキストとしても自習書としても活用できる。

わかりやすい機械教室
材料力学 考え方・解き方 演習付

萩原國雄 著　A5判　278頁　2色刷

前書「機械の力学考え方解き方II 材料力学編」を全面的に見直し，SI単位系に切り換えると共に書名を「材料力学考え方解き方」とした。

わかりやすい機械教室
改訂 流体の基礎と応用

森田泰司 著　A5判　214頁

流体についてやさしく理解できるように，難解な数式の展開をさけ，多くの図表により解説。例題と詳しい解答により理解が深められる。

わかりやすい機械教室
熱力学 考え方・解き方

小林恒和 著　A5判　242頁

例題を多く取り入れ，各例題にそれぞれ「考え方」，「解き方」を詳しく解説し，実力が身に付くよう配慮した。

わかりやすい機械教室
空気圧の基礎と応用

高橋徹 著　A5判　210頁

流体の基礎事項から卓上空気圧プレスの設計例までを例題や練習問題を用いて空気圧の基礎と応用を解説。

わかりやすい機械教室
油圧の基礎と応用

高橋徹 著　A5判　226頁

多くの図や表により，油圧の基礎事項から応用まで学生や初級技術者に容易に理解できるようやさしく解説した。

機械計算法シリーズ
機械の力学計算法

橋本広明 著　A5判　120頁

基礎的な公式や数式をできるだけわかりやすく解説してあり，各章とも例題と解答を豊富に取り入れ，これを基に練習問題を解き実力をつける。

機械計算法シリーズ
流体の力学計算法

森田泰司 著　A5判　176頁

水力学を中心にして，空気や油などの流体に関する基礎的な事項を計算問題を通じて修得できるようにやさしく解説。

機械計算法シリーズ
熱力学の計算法

松村篤躬／越後雅夫 共著　A5判　200頁

熱力学の基礎的な公式や数式をわかりやすく説明。改訂にあたって内容を見直すとともに，より理解しやすく編集した。

機械計算法シリーズ
熱・流体・空調の計算法

越後雅夫 著　A5判　232頁

熱・流体・空調の基礎について，公式や数式をわかりやすく説明。例題や応用問題についても，詳しく解説した。

＊定価，図書目録のお問い合わせ・ご要望は出版局までお願いいたします。
URL　http://www.dendai.ac.jp/press/

MK-001

たのしくできる PICロボット工作
配線パターン図

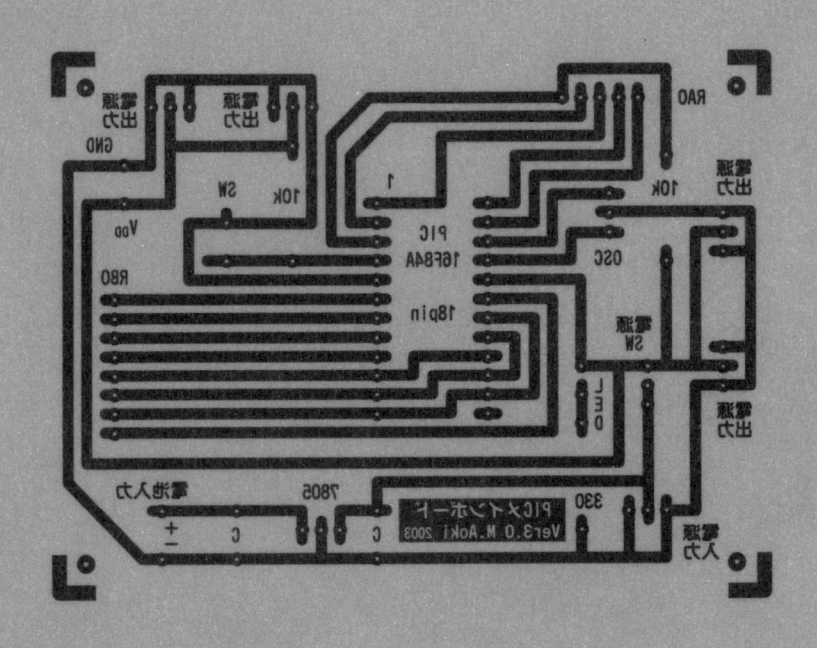

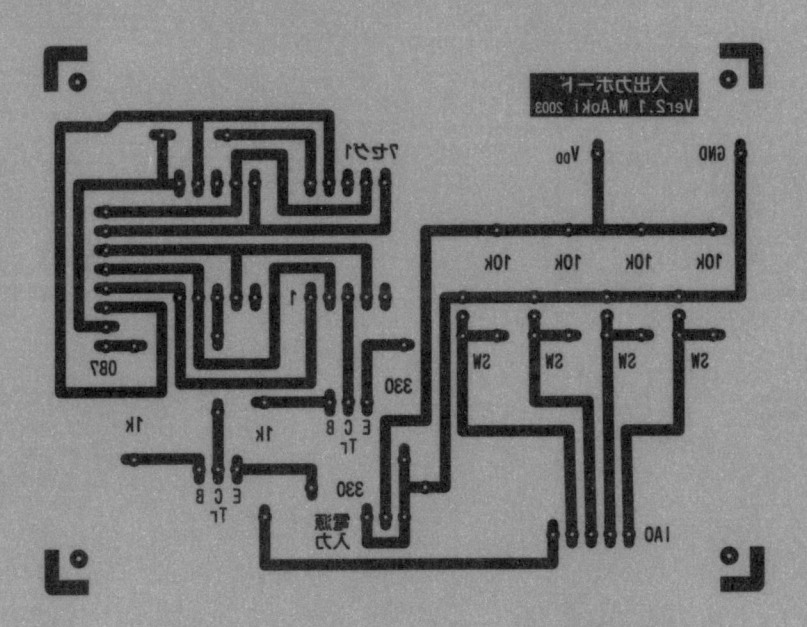

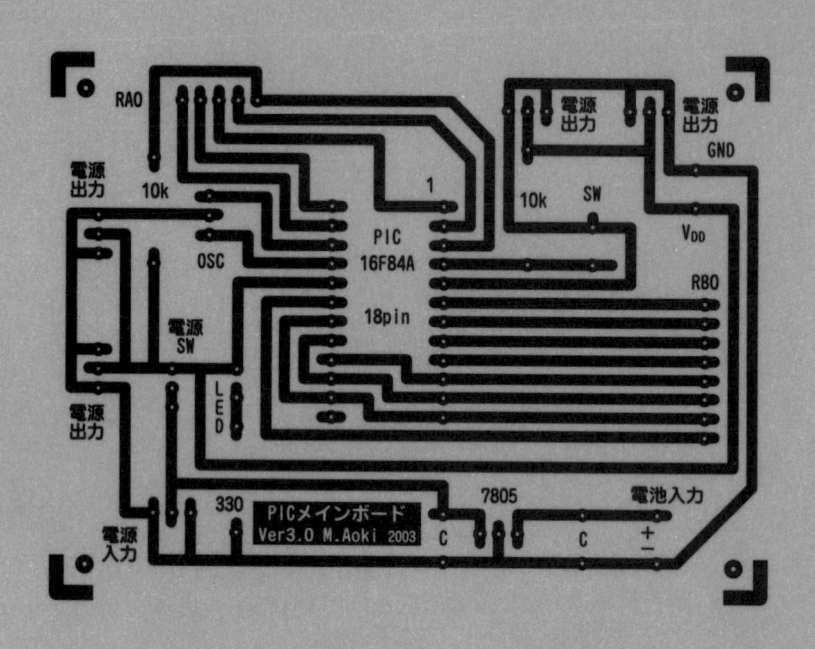

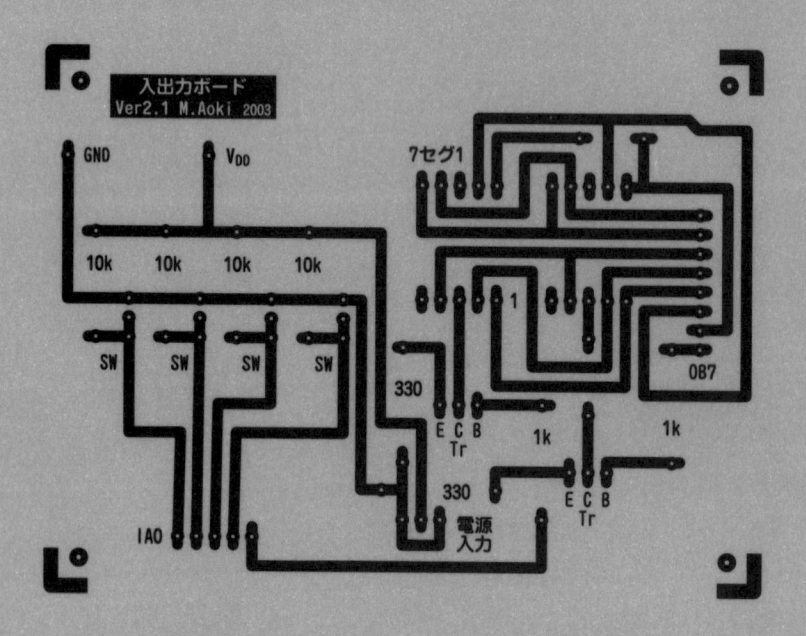

©Aoki Masahiko 2003

東京電機大学出版局

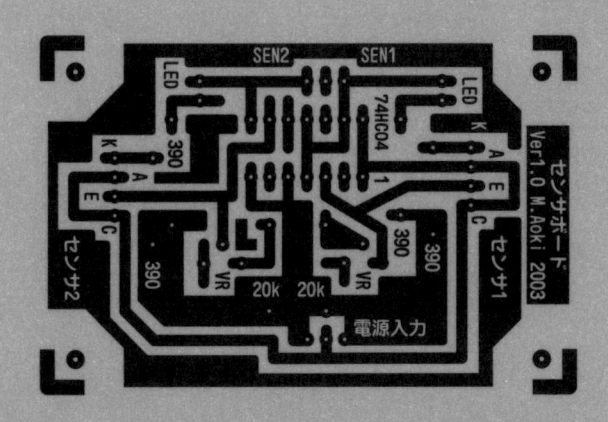

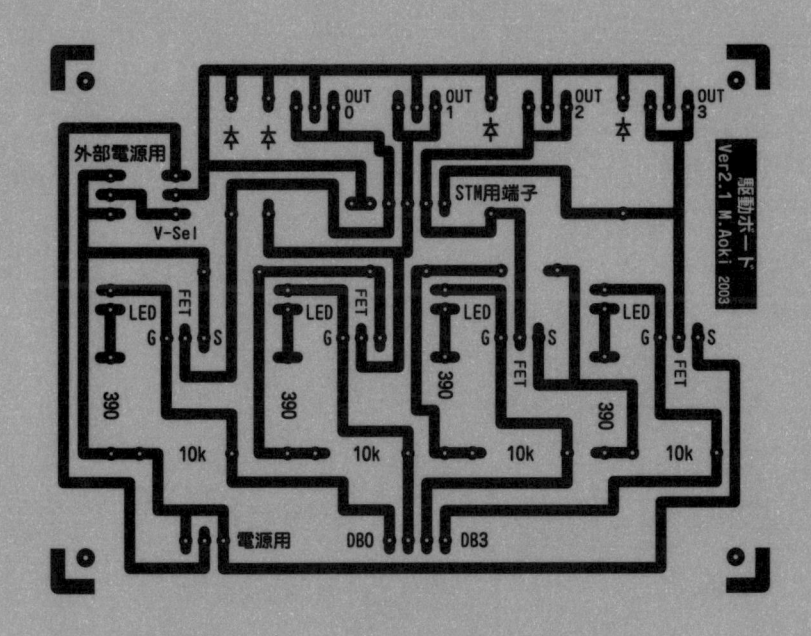

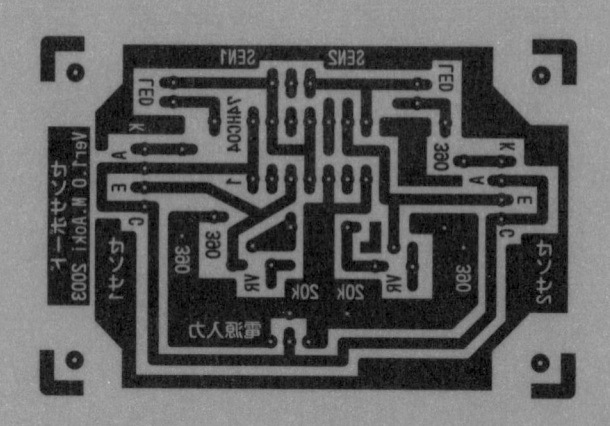

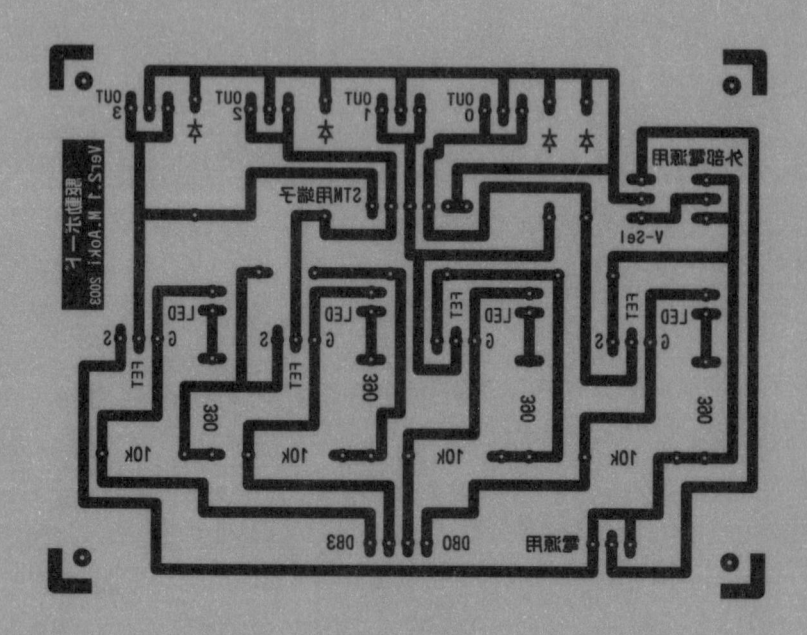